CASIO fx-5800P 计算器

工程测量实用程序汇编

刘冠忠　季　凯　丁学宇　编著

中国铁道出版社

２０１２年·北 京

图书在版编目(CIP)数据

工程测量实用程序汇编/刘冠忠,季凯,丁学宇编
著.—北京:中国铁道出版社,2012.3
ISBN 978-7-113-14270-4

Ⅰ.①工…　Ⅱ.①刘…②季…③丁…　Ⅲ.①工程
测量-程序设计　Ⅳ.①TB22-39

中国版本图书馆 CIP 数据核字(2012)第 026369 号

书　　名:CASIO fx-5800P 计算器:工程测量实用程序汇编
作　　者:刘冠忠　季　凯　丁学宇

责任编辑:徐　艳　陈小刚　　电话:010-63549495　　电子信箱:cxgsuccess@139.com
编辑助理:张　浩
封面设计:崔　欣
责任校对:孙　玫
责任印制:郭向伟

出版发行:中国铁道出版社(100054,北京市西城区右安门西街 8 号)
网　　址:http://www.tdpress.com
印　　刷:航远印刷有限公司
版　　次:2012 年 4 月第 1 版　2012 年 4 月第 1 次印刷
开　　本:787 mm×960 mm　1/16　印张:13.5　字数:331 千
书　　号:ISBN 978-7-113-14270-4
定　　价:35.00 元

序

铁路、公路、市政、建筑、水利、电力、矿山、航运,甚至大型机械制造(如造船)等部门都必须在现场进行工程测量。在比较艰苦的现场条件下,如何快捷地得出测量结果十分重要。而工程测量往往需要在现场直接计算出结果,以便进行后续工作。但是,在现场进行繁杂计算时,电脑的使用很不方便。本书采用携带方便的可编程序计算器,编制了一系列相关程序,从而很好地解决了这个问题。

编者根据多年从事工程测量工作的经验和现场实际需要,采用目前工程测量中广泛使用的"CASIO fx-5800P 计算器",在全书中共列出了 15 个计算程序,几乎包含了工程测量的全部计算内容。

该书所列的测量程序做到了充分集约化,一个程序往往包含很多计算内容。例如"DLPM JS"这个程序,几乎包含了道路平面测设的全部内容;如果结合已建立的道路数据库,其计算工作就更为快捷。又例如"BJB JS"程序,用后方边角交会求出置镜点坐标后,可紧接着进行很多计算,而不必将置镜点坐标记录下来,再启动其他程序进行相关计算;所以,在测量现场简便到几乎不需要记录便可得出测量结果(如有需要,可翻阅串列储存器的记录)。

该书所列程序的操作,简便易学,每个程序都有详细的操作说明,并提供了多个例题供读者练习。读者只要根据说明,对照例题,很快就会掌握程序的操作方法,真正做到无师自通。

该书附录部分给出了编制程序的依据,可供有一定基础的读者进行深入研究。附录对重点部分都进行了详细论证,有些内容,对传统方法有所创新。如道路平面终端缓和曲线的计算、后方交会定点、偏角法测设曲线、斜交护锥的计算、复曲线计算等,与传统方法相比,都有所改进。以复曲线为例,传统的复曲线中,小半径曲线端部和中部缓和曲线的回旋参数相等,本书则推导了不等的公式,而且采用了交点法、起点法和积木法,使之更带普遍性。

几年来,书中内容的实用性和先进性已在上海市市政测量的实践中得到了验证,受到了普遍的欢迎。

该书可以作为工程测量技术人员的工具书和学习材料,也可作为相关专业学生的参考用书。该书的出版,将对工程测量技术的提高,起到一定的积极作用。

刘甲申

2011 年 12 月于北京

前　　言

在长期的施工测量工作中,笔者逐步编制、积累了一套卡西欧可编程计算器的测量计算程序,现用卡西欧 fx-5800P 可编程计算器将这些程序整理成《工程测量实用程序汇编》,拿来与同行交流、探讨,希望得到读者和专家的指教。同时,也希望能对不太熟悉编制测量程序的读者有所启发和帮助。

本汇编所含程序主要是工程施工测量程序,以路桥、市政施工测量为主要内容;也兼顾了普通测量的内容;同时还兼顾了少量如预应力钢筋延伸量计算等非工程测量的常用程序。

本汇编共分 17 章,前 15 章为浓缩的 15 个主程序;第 16 章介绍 9 个子程序及其解读;第 17 章为附录部分。主程序的介绍都包括程序正文、程序操作说明和该程序的计算例题。演习本汇编所提供的 100 多道例题,既可验证程序的正确性,又可加深对程序的理解,熟练程序的操作方法。附录部分包括坐标变换、后方边角交会、附合导线、无定向导线、道路平面的基本知识、道路高程计算、交点和交会定点的坐标计算等 7 项内容,其中道路平面的基本知识是主要内容。附录部分主要论述程序编制的依据,力求将每个程序的数学模式给予解读,如"道路平面的基本知识"等内容都是从基本的定义入手,进行由浅入深地步步论证,提供编制程序的来龙去脉。如果读者能对此细细研读,融会贯通,借助计算器的使用说明,就可以编制出适合于自己使用的计算程序。对于简单的测量原理、方法和计算,本汇编附录未作介绍;对于已经很少使用的方法,本汇编也未作详细介绍;但对诸如附合导线计算、后方测角交会定点计算、偏角法测设曲线等传统方法,本汇编还是作了比较详细的介绍。

为了查阅和使用的方便,尽量减少程序的数量,本汇编的大部分程序都是集约化的。例如"DLPM SJ"(道路平面设计)程序,既包含了基本型曲线的设计,又包含了复曲线的设计;而且,复曲线的设计又分起点法、交点法和积木法三种方法。又如"DLPM JS"(道路平面计算)程序,它可以计算道路某桩号的方位角、相关点的坐标、极坐标放样数据、交叉口圆弧起讫点的坐标及其方位角、已知坐标点和转点的对应里程及其垂距,以及渐变段、加宽段、中线、边线的弦线支距数据等等，几乎包含了道路平面测设的全部内容。并且本程序既可用于已建数据库的道路的相关计算，又可以用于未建数据库的道路的相关计算。

本汇编还反复介绍道路平面数据库和高程数据库的编制方法。一旦把道路平面数据和高程数据编入数据库，供主程序运算时反复调用，道路的平面计算和高程计算就变得十分方便；这两个数据库分别可以容纳9条道路，含25条平曲线和25条竖曲线。

程序中的符号，基本上采用汉语拼音的缩写。例如"DLPMJS"，取自"道路平面计算"每个字汉语拼音的第一个字母；又如"WDXDX"是指无定向导线等等。本套程序起用了70个扩大储存器，占用26000多字节，所使用的角度单位是度、分、秒。

本汇编可作为工程测量技术人员的工具书和业务培训教材，也可作为大专院校相关专业的教学参考书。

参加本书编写的还有黄雷霆、周洲、张伟等工程师。

由于编者水平有限，书中难免存在不足之处，敬请广大读者批评指正。

编者

2011 年 10 月于上海

目　录

1 道路平面设计

　　这里所说的道路平面设计,是指在已知相关条件的情况下,计算道路各控制点(JD、ZH、HY、YH、HZ)的坐标、方位角、里程等数据,内容包括基本型曲线和复曲线。图 1.1 为基本型曲线;图 1.2 为一种复曲线。复曲线的计算介绍了起点法、交点法和积

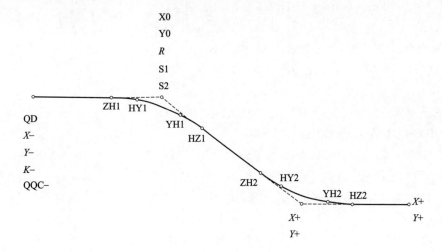

图 1.1　基本型曲线

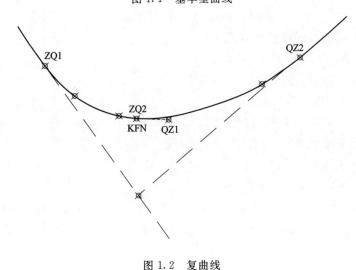

图 1.2　复曲线

木法。本程序计算的曲线转角都小于180°；当曲线转角大于180°，则可先用曲线要素程序计算其要素后，再计算各控制点的相关数据。计算曲线起讫点的坐标、方位角、里程的目的，是为道路平面计算（道路坐标、方位角、极坐标放样数据等）和建立道路平面数据库提供计算的前提条件。

1.1　道路平面设计程序正文

DLPM SJ

"DQX＝1，FQX＝2"?X↵

If X＝1：Then GotoA：Else GotoB：IfEnd↵

LblA↵

"X-"?Q："Y-"?V："K-"?K："QQC-"?B：

"X0"?O："Y0"?U：Goto0：↵

Lbl0：

"X+"?W："Y+"?Z："R"?R："S1"?F："S2"?D：

Pol(O-Q,U-V)：I→Z[11]：J→G：

If G<0：Then G+360→G：IfEnd：

K+Z[11]-B→Z[12]：Pol(W-O,Z-U)：J→M：

If M<0：Then M+360→M：IfEnd：

M-G→Z[13]：

If Z[13]<-180：Then Z[13]+360→Z[13]：IfEnd：

Abs(Z[13])→Z[14]：

If Z[13]<0：Then -1→A：Else 1→A：IfEnd：

F→S：F→Z[5]：Prog"HAB"：

Z[1]→Z[15]：Z[2]→Z[16]：Z[6]→Z[17]：

Z[1]-Rsin(Z[6])→Z[18]：

Z[2]+R(cos(Z[6])-1)→Z[19]：

-D→S：-D→Z[5]：Prog"HAB"：

Z[1]→Z[20]：Z[2]→Z[21]：Z[6]→Z[22]：

Abs(Z[1]-Rsin(Z[6]))→Z[23]：

Abs(Z[2]+R(cos(Z[6])-1))→Z[24]：

(R+Z[19])tan(Z[14]÷2)+Z[18]-(Z[19]-Z[24])÷sin(Z[14])→Z[25]：

(R+Z[24])tan(Z[14]÷2)+Z[23]-(Z[24]-Z[19])÷sin(Z[14])→Z[26]：

πRZ[14]÷180+(F+D)÷2→Z[27]：

Z[25]+Z[26]-Z[27]→Z[28]：Z[12]-Z[25]→H：H+Z[27]→P：

O+Z[25]cos(G+180)→C: U+Z[25]sin(G+180)→E:

O+Z[26]cos(M)→T: U+Z[26]sin(M)→L:

"KJD=":Z[12]◢ "QQC=":Z[28]◢ "ZJ=":Z[13]▶DMS◢

"T1=":Z[25]◢ "T2=":Z[26]◢ "L=":Z[27]◢

If F=0 And D=0: Then Goto1: Else Goto2: IfEnd↵

Lbl1:

"XZY=":C◢ "YZY=":E◢ "FZY=":G▶DMS◢ "KZY=":H◢

"XYZ=":T◢ "YYZ=":L◢ "FYZ=":M▶DMS◢ "KYZ=":P◢

Goto3↵

Lbl2:

C+Z[15]cos(G)-AZ[16]sin(G)→Z[29]:

E+Z[15]sin(G)+AZ[16]cos(G)→Z[30]:

G+AZ[17]→Z[31]:

T+Z[20]cos(M)-AZ[21]sin(M)→Z[32]:

L+Z[20]sin(M)+AZ[21]cos(M)→Z[33]:

M+AZ[22]→Z[34]:

"XZH=":C◢ "YZH=":E◢ "FZH=":G▶DMS◢ "KZH=":H◢

"XHY=":Z[29]◢ "YHY=":Z[30]◢ "FHY=":Z[31]▶DMS◢

"KHY=":H+F◢ "XYH=":Z[32]◢ "YYH=":Z[33]◢

"FYH=":Z[34]▶DMS◢ "KYH=":P-D◢ "XHZ=":T◢

"YHZ=":L◢ "FHZ=":M▶DMS◢ "KHZ=":P◢ Goto3↵

Lbl3:

O→Q: U→V: W→O: Z→U:

Z[12]→K: Z[28]→B: Goto0

LblB↵

"L→S=1,S→L=2"?M: "R=1, L=2"?N:

"QDF=1,JDF=2,JMF=3"?Y:

If N=1: Then 1→W: Else: -1→W: IfEnd↵

If Y=1 Or Y=3:

Then "XQ"?Q: "YQ"?T: "FQ"?C: "KQ"?V:

Else "XJD"?A: "YJD"?B: "KJD"?D: "FZH"?C: IfEnd↵

If Y=1 Or Y=2:

Then "ZZJ"?E: "ZJL"?F: "ZJS"?G:

Else "LL"?U: "LS"?Z: U→Z[37]: Z→Z[38]: IfEnd↵

"RL"?H: "SL"?K: "RS"?L: "SSD"?O: "SZ0"?P↵

H→R: K→S: Prog"HYS": Z[6]→Z[11]: Z[7]→Z[12]↵

L→R: O→S: Prog"HYS": Z[6]→Z[13]: Z[7]→Z[14]↵

L→R: P→S: Prog"HYS": Z[6]→Z[15]: Z[7]→Z[16]↵

LP÷H→Z[17]: H→R: Z[17]→S: Prog"HYS":

Z[6]→Z[18]: Z[7]→Z[19]: Z[8]→Z[9]:

Z[3]→Z[20]: Z[5]→Z[21]: Z[4]→Z[22]↵

If Y=1 Or Y=2:

Then F+Z[22]→Z[23]:

πHZ[23]÷180+0.5K→Z[37]:

πLG÷180+0.5(O+P)-Z[17]→Z[38]:

Else 180(Z[37]-0.5K)÷(πH)→Z[23]:

180(Z[38]+Z[17]-0.5(O+P))÷(πL)→G:

Z[23]-Z[22]→F: IfEnd:

Z[37]+Z[38]→Z[39]:

If Y=1 Or Y=3: Then GotoC: Else GotoD: IfEnd:

LblC↵

Q→Z[52]: T→Z[53]: C→Z[54]: V→Z[55]:

Z[55]+Z[39]→Z[67]: GotoE:

LblD↵

Hsin(Z[22])→Z[24]:

Z[11]- Z[18]→Z[25]

Z[25]÷tan(G)→Z[26]

Z[25]÷sin(G)→Z[27]

(H+Z[11])tan(0.5F)+Z[12]→Z[28]:

Z[28]- Z[12]+Z[24]→Z[29]:

(L+Z[15])tan(0.5G)+Z[16]-(Z[15]- Z[13])÷sin(G)→Z[30]:

(L+Z[13])tan(0.5G)+Z[14]-(Z[13]-Z[15])÷sin(G)→Z[31]:

Z[30]- Z[19]- Z[24]- Z[26]→Z[32]:

Z[31]+Z[27]→Z[33]:

Z[29]+Z[32]→Z[34]:

Z[34]sin(G)÷sin(E)+Z[28]→Z[35]:

Z[34]sin(F)÷sin(E)+Z[33]→Z[36]:

C→Z[54]:

If M=1: Then

A+Z[35]cos(C+180)→Z[52]:

B+Z[35]sin(C+180)→Z[53]:

D-Z[35]→Z[55]: Else

A+Z[36]cos(C+180)→Z[52]:

B+Z[36]sin(C+180)→Z[53]:

D-Z[36]→Z[55]: Z[55]+Z[39]→Z[67]: IfEnd↵

GotoE:

LblE↵

(H+Z[11]) tan(0.5 Z[23])+Z[12]- Z[11]÷sin(Z[23])→Z[40]:

(H+Z[11]) tan(0.5 Z[23])+Z[11]÷tan(Z[23])→Z[41]:

(L+Z[15]) tan(0.5G)+Z[16]-(Z[15]-Z[13])÷sin(G)→Z[42]:

(L+Z[13]) tan(0.5G)+Z[14]-(Z[13]-Z[15])÷sin(G)→Z[43]:

If M=1: Then GotoF: Else GotoG: IfEnd↵

LblF↵

Z[40]+Z[41]cos(Z[23])→Z[44]:

Z[41]sin(Z[23])→Z[45]:

Z[42]+Z[43]cos(G)→Z[46]:

Z[43]sin(G)→Z[47]:

Z[52]+Z[44]cos(C)-WZ[45]sin(C)→Z[56]:

Z[53]+Z[44]sin(C)+WZ[45]cos(C)→Z[57]:

C+WZ[23]→Z[58]:

Z [55]+Z [37]→Z[59]:

Z [59]→Z[51]:

Z[55]+Z[39]→Z[67]:

Z[59]-Z[17]→Z[63]:

Z[56]+Z[20]cos(Z[58]+180-WZ[21])→Z[60]:

Z[57]+Z[20]sin(Z[58]+180-WZ[21])→Z[61]:

C+WF→Z[62]:

Z[60]+Z[46]cos(Z[62])-WZ[47]sin(Z[62])→Z[64]:

Z[61]+Z[46]sin(Z[62])+WZ[47]cos(Z[62])→Z[65]:

C+W(F+G)→Z[66]: GotoK↵

LblG↵

Z[43]+Z[42]cos(G)→Z[44]:

Z[42]sin(G)→Z[45]:

Z[54]+WG→Z[58]:

Z[58]-WZ[22]→Z[62]:

$Z[55]+Z[38]\rightarrow Z[63]$:

$Z[63]\rightarrow Z[51]$:

$Z[63]+Z[17]\rightarrow Z[59]$:

$Z[41]+Z[40]\cos(Z[23])\rightarrow Z[46]$:

$Z[40]\sin(Z[23])\rightarrow Z[47]$:

$Z[52]+Z[44]\cos(C)-WZ[45]\sin(C)\rightarrow Z[56]$:

$Z[53]+Z[44]\sin(C)+WZ[45]\cos(C)\rightarrow Z[57]$:

$Z[56]+Z[20]\cos(Z[58]+180-WZ[9])\rightarrow Z[60]$:

$Z[57]+Z[20]\sin(Z[58]+180-WZ[9])\rightarrow Z[61]$:

$Z[60]+Z[46]\cos(Z[62])-WZ[47]\sin(Z[62])\rightarrow Z[64]$:

$Z[61]+Z[46]\sin(Z[62])+WZ[47]\cos(Z[62])\rightarrow Z[65]$:

$C+W(F+G)\rightarrow Z[66]$:GotoK↵

LblK↵

"KFN=":Z[51]↵ "XZQ1=":Z[52]↵ "YZQ1=":Z[53]↵

If Z[54]>360:Then Z[54]-360→Z[54]:IfEnd↵

If Z[54]<0:Then Z[54]+360→Z[54]:IfEnd↵

"FZQ1=":Z[54]▸DMS↵ "KZQ1=":Z[55]↵

"XQZ1=":Z[56]↵ "YQZ1=":Z[57]↵

If Z[58]>360:Then Z[58]-360→Z[58]:IfEnd↵

If Z[58]<0:Then Z[58]+360→Z[58]:IfEnd↵

"FQZ1=":Z[58]▸DMS↵ "KQZ1=":Z[59]↵

"XZQ2=":Z[60]↵ "YZQ2=":Z[61]↵

If Z[62]>360:Then Z[62]-360→Z[62]:IfEnd↵

If Z[62]<0:Then Z[62]+360→Z[62]:IfEnd↵

"FZQ2=":Z[62]▸DMS↵ "KZQ2=":Z[63]↵

"XQZ2=":Z[64]↵ "YQZ2=":Z[65]↵

If Z[66]>360:Then Z[66]-360→Z[66]:IfEnd↵

If Z[66]<0:Then Z[66]+360→Z[66]:IfEnd↵

"FQZ2=":Z[66]▸DMS↵ "KQZ2=":Z[67]↵

GotoB↵

1.2 DLPM SJ(道路平面设计)程序的使用说明

1.2.1 该程序的功能

在已知道路交点(含道路起讫点)坐标、圆曲线半径、缓和曲线长度等条件下,计算道路各控制点的相关数据,供工程定位等计算使用;对不带缓和曲线的纯圆曲线道路,则计算直圆点、圆直点的坐标、切线方位角、里程;对基本型曲线,则计算曲线直缓点(曲线起点)、缓圆点、圆缓点、缓直点(曲线终点)的坐标、切线方位角、里程;对复曲线,则计算两条曲线的分界点里程、两条曲线各自起讫点的坐标、切线方位角、里程;复曲线的已知条件可能不尽相同,本程序设计了起点法、交点法和积木法三种计算复曲线的方法,如已知复曲线的其他条件,也可推而广之。

1.2.2 各种符号的含义(表 1.1)

表 1.1 各种符号的含义

符 号	符号的含义	符 号	符号的含义
DQX,FQX	单曲线、复曲线	S→L	与 L→S 相反,即复曲线起始端曲线半径小于终端曲线半径
X-、Y-	曲线上一个交点(或起点)的坐标	R=1,L=2	曲线的转向(R 为曲线右转,L 为曲线左转)
K-	曲线上一个交点的里程	QDF、JDF、JMF	复曲线计算的起点法、交点法和积木法
QQC-	上一个曲线的切曲差(当点为起点时,则 QQC-=0)	XQ、YQ	复曲线起点的坐标
X0、Y0	计算曲线交点的坐标	FQ、KQ	复曲线起始方位角和里程
X+、Y+	曲线下一个交点的坐标	XJD、YJD、KJD	交点的坐标和里程
R	本曲线的圆半径	ZZJ	复曲线总的转角
S1,S2	第一、第二缓和曲线长度	ZJL、ZJS	复曲线中大半径曲线和小半径曲线所包含的转角
KJD	本曲线交点里程	LL	大半径曲线的长度
QQC	本曲线的切曲差	LS	小半径曲线的长度
ZJ	本曲线转向角	RL、SL	大半径曲线的半径和端部缓和曲线的长度
T1,T2	第一、第二切线长度	RS、SSD、SZ0	小半径曲线的半径,其端部缓和曲线的长度、中间缓和曲线的原始长度(未删除时)
L	曲线总长度	KFN	复曲线分界点里程
XZH、YZH、FZH、KZH	直缓点(曲线起点)的坐标、切线方位角、里程	XZQ1、YZQ1、FZQ1、KZQ1	第一条曲线起点的坐标、方位角、里程
XHY、YHY、FHY、KHY	缓圆点的坐标、切线方位角、里程	XQZ1、YQZ1、FQZ1、KQZ1	第一条曲线终点的坐标、方位角、里程
XYH、YYH、FYH、KYH	圆缓点的坐标、切线方位角、里程	XZQ2、YZQ2、FZQ2、KZQ2	第二条曲线起点的坐标、方位角、里程
XHZ、YHZ、FHZ、KHZ	缓直点(或终点)的坐标、切线方位角、里程	XQZ2、YQZ2、FQZ2、KQZ2	第二条曲线终点的坐标、方位角、里程
L→S	复曲线的起始端的曲线半径大于终端的曲线半径		

1.2.3 操作方法

(1)进入程序。

(2)选择线形,如为基本型曲线,则选 DQX=1;如为复曲线,则选 FQX=2。

（3）分述：

1）基本型曲线

①输入上一个交点的坐标（$X-$，$Y-$）；输入上一个交点的里程 $K-$、上一条曲线的切曲差 QQC－（两条切线之和减曲线长度的差），如上一个交点没有曲线，则 QQC－＝0。

②输入本曲线交点的坐标（X0，Y0）；输入下一个交点的坐标（$X+$，$Y+$）。

③输入本曲线的圆曲线半径 R，第一、第二缓和曲线长度 S1、S2（当纯圆曲线时，S1＝S2＝0）。

④显示本曲线的交点里程 KJD、切曲差 QQC、转向角 ZJ（左转时为负值，右转时为正值）；第一、第二切线长度 T1、T2；曲线总长度 L；依次显示 ZH、HY、YH、HZ 点的坐标、方位角、里程（XZH、YZH、FZH、KZH、XHY、YHY、FHY、KHY、XYH、YYH、FYH、KYH、XHZ、YHZ、FHZ、KHZ）。

⑤在计算下一条曲线时，$X-$、$Y-$、X0、Y0、$K-$、QQC－由计算器自动调用，无需重新输入，只要输入接下去的交点坐标（$X+$，$Y+$）；输入新的 R、S1、S2 后，即显示新曲线的计算数据，直到所有曲线设计完毕。

2）复曲线

①判断设计的已知条件，如已知起点和转角数据，则选 QDF＝1；如已知交点和转角数据，则选 JDF＝2；如已知复曲线起点数据及两条曲线各自的曲线长度，则选 JMF＝3。

②判断曲线是从大半径过渡到小半径还是从小半径过渡到大半径，如从大半径过渡到小半径，则选择 L→S＝1；否则，选择 S→L＝2。

③选择曲线转向，曲线右转，则选 R＝1；左转，则选 L＝2。

④根据提示，输入交点或起点的相关数据（XJD、YJD、KJD 或 XQD、YQD、KQD，以及 FQD）。

⑤根据提示，依次输入总转角 ZZJ、大半径转角 ZJL、小半径转角 ZJS 或大半径曲线的长度 LL、小半径曲线的长度 LS、大半径值 RL 及其端部缓和曲线长度 SL、小半径值 RS 及其端部缓和曲线长度 SSD、中间缓和曲线的原始长度 SZ0。

⑥依次显示两条曲线的分界点 KFN；第一曲线起点的坐标、方位角、里程（XZQ1、YZQ1、FZQ1、KZQ1）；终点的坐标、方位角、里程（XQZ1、YQZ1、FQZ1、KQZ1）；第二曲线起点的坐标、方位角、里程（XZQ2、YZQ2、FZQ2、KZQ2）；终点的坐标、方位角、里程（XQZ2、YQZ2、FQZ2、KQZ2）。

1.3 例　　题

例1.1 DLPM SJ

有道路从 QD 开始，经 JD1 曲线，再经 JD2 曲线，直至 ZD，如图 1.3 所示。根据图示要求的半径、缓和曲线长，计算各控制点的要素；画出简图供定位放样用，或用于编辑数据库 PD。

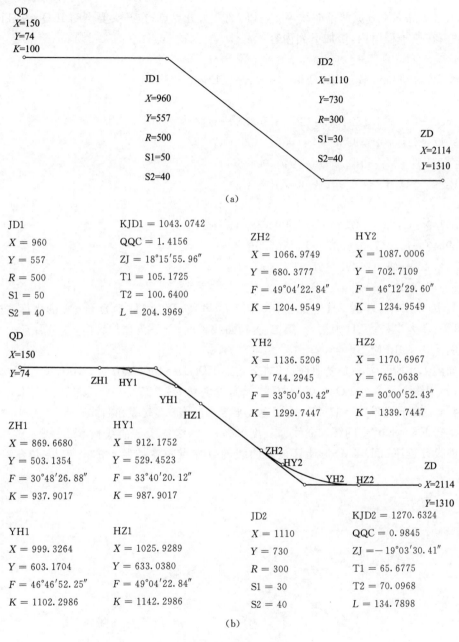

图 1.3　例 1.1 图

例 1.2　DLPM SJ

将上述例 1.1 的道路编入数据库 PD,并修改主程序 DLPM JS;设道路名为 XX;先编辑主程序,在"ZQ=0,DT3N=1,DT3B=2,CZ=4,DT2=6,ZB=7,DT=8"?Q 中,增加道路 XX;即修改成"ZQ=0,DT3N=1,…7,DT=8,XX=9"?Q;接着,编辑子程序 PD;将道路 XX 分成两条曲线 W、X;以 1200 为分界点;在开头要点明 If Q=9:Then Goto9」;在原子程序内,增加下列内容:

Lbl9:

If K<1200:Then GotoW:Else GotoX:IfEnd」

LblW:

869.6680→C:503.1354→E:30°48′26.88″→G:

937.9017→H:1025.9289→T:633.0380→L:

49°04′22.84″→M:1142.2986→P:500→R:

50→F:40→D:+1→Z[9]:GotoZ」

LblX:

1066.9749→C:680.3777→E:49°04′22.84″→G:

1204.9549→H:1170.6967→T:765.0638→L:

30°00′52.43″→M:1339.7447→P:300→R:

30→F:40→D:-1→Z[9]:GotoZ」

其中,C、E、G、H 为 ZH 点的坐标、方位角、里程;T、L、M、P 为 HZ 点的坐标、方位角、里程;R 为半径;F、D 为第一、第二缓和曲线长度;Z[9]为曲线转向,左负右正;

例 1.3 DLPM SJ

如图 1.4 所示为一条复曲线,已知交点坐标 XJD=100,YJD=−100;里程 KJD=1000;始切线方位角为 FQ=100°;曲线右转,总转角=74°25′,大半径端转角 ZJL=36°40′,小半径端转角 ZJS=37°45′,始端为大半径 RL=500,其缓和曲线长 SL=100,终端为小半径 RS=300,中间缓和曲线原长度 SZ0=80,终端缓和曲线长 SSD=80;试用道路平面设计程序(DL PMSJ)计算该复曲线的分界点及各控制点的坐标、方位角和里程。

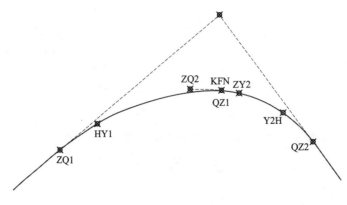

图 1.4 例 1.3 图

进入程序(DLPM SJ),依提示输入数据,计算结果如下:

曲线分界点 KFN＝997.5443(即放样等计算时分两条曲线,其分界点的桩号为 KFN);

XZQ1＝168.8398;YZQ1＝−490.4100;FZQ1＝100°;KZQ1＝603.5673;

XQZ1＝−7.7886;YQZ1＝−148.4234;FQZ1＝139°25′0.71″;KQZ1＝997.5443;

XZQ2＝27.6442;YZQ2＝−180.7968;FZQ2＝136°40′;KZQ2＝949.5443;

XQZ2＝−218.4278;YQZ2＝−68.8714;FQZ2＝174°25′;KQZ2＝1227.2029。

根据计算结果来进行放样等计算,也可将其编入数据库 PD。

例 1.4 DLPM SJ

如图 1.5 所示为一条复曲线,已知交点坐标 XJD＝100,YJD＝−100;里程 KJD＝1000;始切线方位角为 FQ＝100°;曲线左转,总转角为=74°25′,大半径端转角 ZJL＝36°40′,小半径端转角 ZJS＝37°45′,始端为大半径 RL＝500,其缓和曲线长 SL＝100,终端为小半径 RS＝300,中间缓和曲线原长度 SZ0＝80,终端缓长 SSD＝90;试用道路平面设计程序(DLPM SJ)计算该复曲线的分界点及各控制点的坐标、方位角和里程。

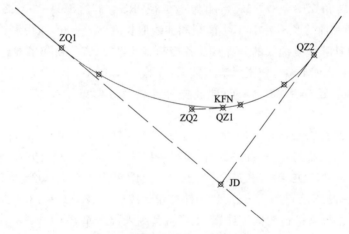

图 1.5　例 1.4 图

进入程序(DLPM SJ),依提示输入数据,计算结果如下:

曲线分界点 KFN＝997.2996(即放样等计算时分两条曲线,其分界点的桩号为 KFN);

XZQ1＝168.8823;YZQ1＝−490.6510;FZQ1＝100°;KZQ1＝603.3225;

XQZ1＝217.8924;YQZ1＝−108.8782;FQZ1＝60°34′59.29″;KQZ1＝997.2996;

XZQ2＝195.6688;YZQ2＝−151.4181;FZQ2＝63°20′;KZQ2＝949.2996;

XQZ2＝393.0191;YQZ2＝40.2864;FQZ2＝25°35′;KQZ2＝1231.9581。

根据计算结果来进行放样等计算,也可将其编入数据库 PD。

例 1.5 DLPM SJ

如图 1.6 所示为一条复曲线,已知交点坐标 XJD＝100,YJD＝−100;里程 KJD＝

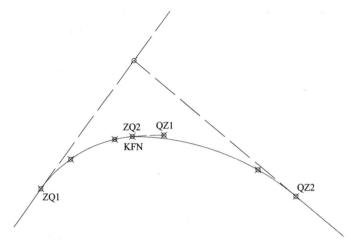

图 1.6　例 1.5 图

1000;始切线方位角为 FQ=100°;曲线右转,总转角=74°25′,大半径端转角 ZJL=36°40′,小半径端转角 ZJS=37°45′,始端为小半径,RS=300,SSD=90;终端为大半径 RL=500,其缓和曲线长 SL=100,中间缓和曲线原长度 SZ0=80;试用道路平面设计程序(DLPM SJ)计算该复曲线的分界点及各控制点的坐标、方位角和里程。

进入程序(DLPM SJ),依提示输入数据,计算结果如下:

曲线分界点 KFN=909.7886(即放样等计算时分两条曲线,其分界点的桩号为 KFN);

XZQ1=156.4130;YZQ1=−419.9344;FZQ1=100°;KZQ1=675.1301;

XQZ1=24.7715;YQZ1=−178.3392;FQZ1=137°45′00″;KQZ1=957.7886;

XZQ2=59.7775;YZQ2=−211.1737;FZQ2=134°59′59.29″;KZQ2=909.7886;

XQZ2=−294.7955;YQZ2=−61.4059;FQZ2=174°25′;KQZ2=1303.7657。

根据计算结果来进行放样等计算,也可将其编入数据库 PD。

例 1.6 DLPM SJ

如图 1.7 所示为一条复曲线,已知交点坐标 XJD=100,YJD=−100;里程 KJD=1000;始切线方位角为 FQ=100°;曲线左转,总转角=74°25′,大半径端转角 ZJL=36°40′,小半径端转角 ZJS=37°45′,始端为小半径,RS=300,SSD=90;终端为大半径 RL=500,其缓和曲线长 SL=100,中间缓和曲线原长度 SZ0=80;试用道路平面设计程序(DLPM SJ)计算该复曲线的分界点及各控制点的坐标、方位角和里程。

进入程序(DLPM SJ),依提示输入数据,计算结果如下:

曲线分界点 KFN=909.7886(即放样等计算时分两条曲线,其分界点的桩号为 KFN);

XZQ1=156.4131;YZQ1=−419.9344;FZQ1=100°;KZQ1=675.1301;

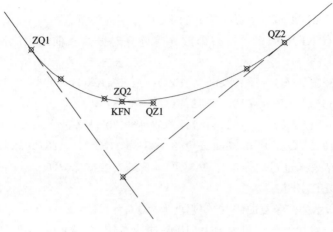

图 1.7　例 1.6 图

XQZ1＝197.4852；YQZ1＝－147.8851；FQZ1＝62°15′；KQZ1＝957.7886；
XZQ2＝175.8204；YZQ2＝－190.7122；FZQ2＝65°00′0.71″；KZQ2＝909.7886；
XQZ2＝457.7865；YQZ2＝71.2946；FQZ2＝25°35′；KQZ2＝1303.7657。

　　根据计算结果来进行放样等计算,也可将其编入数据库 PD。

例 1.7　DLPM SJ

　　如图 1.8 所示为一条复曲线,已知起点坐标 XZH＝168.8823,YZH＝－490.6510;
里程 KZH＝603.3225;始切线方位角为 FQ＝100°;曲线左转,总转角＝74°25′,大半径端
转角 ZJL＝36°40′,小半径端转角 ZJS＝37°45′,始端为大半径 RL＝500,其缓和曲线长
SL＝100,终端为小半径 RS＝300,中间缓和曲线原长度 SZ0＝80,终端缓长 SSD＝90;
试用道路平面设计程序(DLPM SJ)计算该复曲线的分界点及各控制点的坐标、方位角

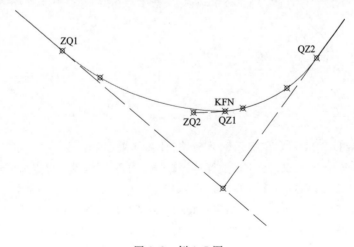

图 1.8　例 1.7 图

和里程。

进入程序(DLPM SJ),依提示输入数据,计算结果如下:

曲线分界点 KFN＝997.2996(即放样等计算时分两条曲线,其分界点的桩号为 KFN);

XZQ1＝168.8823;YZQ1＝－490.6510;FZQ1＝100°;KZQ1＝603.3225;

XQZ1＝217.8924;YQZ1＝－108.8782;FQZ1＝60°34′59.29″;KQZ1＝997.2996;

XZQ2＝195.6688;YZQ2＝－151.4181;FZQ2＝63°20′;KZQ2＝949.2996;

XQZ2＝393.0191;YQZ2＝40.2864;FQZ2＝25°35′;KQZ2＝1231.9581。

根据计算结果来进行放样等计算,也可将其编入数据库 PD。

例 1.8 DLPM SJ

如图 1.9 所示为一条复曲线,已知起点坐标 XQ＝156.413 0,YQ＝－419.934 4;里程 KQ＝675.1301;始切线方位角为 FQ＝100°;曲线右转,总转角＝74°25′,大半径端转角 ZJL＝36°40′,小半径端转角 ZJS＝37°45′,始端为小半径 RS＝300,SSD＝90;终端为大半径 RL＝500,其缓和曲线长 SL＝100,中间缓和曲线原长度 SZ0＝80;试用道路平面设计程序(DLPM SJ)计算该复曲线的分界点及各控制点的坐标、方位角和里程。

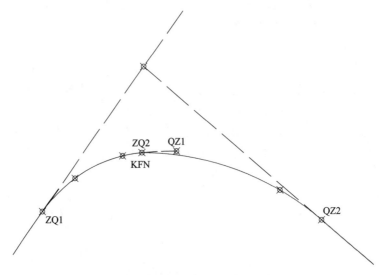

图 1.9　例 1.8 图

进入程序(DLPM SJ),依提示输入数据,计算结果如下:

曲线分界点 KFN＝909.7886(即放样等计算时分两条曲线,其分界点的桩号为 KFN);

XZQ1＝156.4130;YZQ1＝－419.9344;FZQ1＝100°;KZQ1＝675.1301;

XQZ1＝24.7715;YQZ1＝－178.3392;FQZ1＝137°45′00″;KQZ1＝957.7886;

XZQ2＝59.7775;YZQ2＝－211.1737;FZQ2＝134°59′59.29″;KZQ2＝909.7886;

XQZ2＝－294.7955;YQZ2＝－61.4059;FQZ2＝174°25′;KQZ2＝1303.7657。

根据计算结果来进行放样等计算,也可将其编入数据库 PD。

例 1.9 DLPM SJ

如图 1.10 所示为一条复曲线,已知起点坐标 XZH＝168.8823,YZH＝－490.6510;里程 KZH＝603.3225;始切线方位角为 FQ＝100°;曲线左转,大半径曲线长度 LL＝393.9771;小半径曲线长度 LS＝234.6585;始端为大半径 RL＝500,其缓和曲线长 SL＝100,终端为小半径 RS＝300,中间缓和曲线原长度 SZ0＝80,终端缓长 SSD＝90;试用道路平面设计程序(DLPM SJ)计算该复曲线的分界点及各控制点的坐标、方位角和里程。

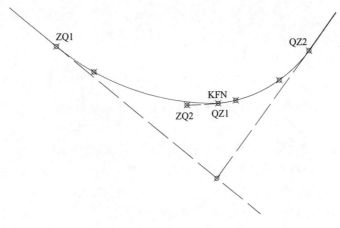

图 1.10 例 1.9 图

进入程序(DLPM SJ),依提示输入数据,计算结果如下:

曲线分界点 KFN＝997.2996(即放样等计算时分两条曲线,其分界点的桩号为 KFN);

XZQ1＝168.8823;YZQ1＝－490.6510;FZQ1＝100°;KZQ1＝603.3225;

XQZ1＝217.8924;YQZ1＝－108.8782;FQZ1＝60°34′59.29″;KQZ1＝997.2996;

XZQ2＝195.6688;YZQ2＝－151.4181;FZQ2＝63°20′;KZQ2＝949.2996;

XQZ2＝393.0191;YQZ2＝40.2864;FQZ2＝25°35′;KQZ2＝1231.9581。

根据计算结果来进行放样等计算,也可将其编入数据库 PD。

例 1.10 DLPM SJ

如图 1.11 所示为一条复曲线,已知起点坐标 XQ＝156.4130,YQ＝－419.9344;里程 KQ＝675.1301;始切线方位角为 FQ＝100°;曲线右转,大半径曲线长度 LL＝393.9771;小半径曲线长度 LS＝234.6585;始端为小半径,RS＝300,SSD＝90;终端为大半径 RL＝500,其缓和曲线长 SL＝100,中间缓和曲线原长度 SZ0＝80;试用道路平面设计程序(DLPM SJ)计算该复曲线的分界点及各控制点的坐标、方位角和里程。

进入程序(DLPM SJ),依提示输入数据,计算结果如下:

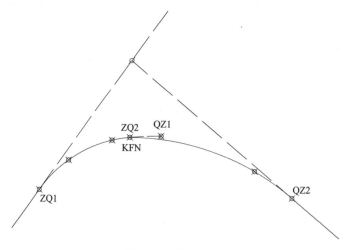

图 1.11 例 1.10 图

曲线分界点 KFN＝909.7886（即放样等计算时分两条曲线，其分界点的桩号为 KFN）；

XZQ1＝156.4130；YZQ1＝－419.9344；FZQ1＝100°；KZQ1＝675.1301；

XQZ1＝24.7715；YQZ1＝－178.3392；FQZ1＝137°45′00″；KQZ1＝957.7886；

XZQ2＝59.7775；YZQ2＝－211.1737；FZQ2＝134°59′59.29″；KZQ2＝909.7886；

XQZ2＝－294.7955；YQZ2＝－61.4059；FQZ2＝174°25′；KQZ2＝1303.7657。

根据计算结果来进行放样等计算，也可将其编入数据库 PD。

例 1.11 DLPM SJ

将上述例 1.8（例 1.10）的道路编入数据库 PD，并修改主程序 DLPM JS；设道路名为 YY；先编辑主程序。

在"ZQ＝0，DT3N＝1，DT3B＝2，CZ＝4，DT2＝6，ZB＝7，DT＝8，XX＝9"?Q 中，将 DT3N 道路替代成 YY 道路；即修改成"ZQ＝0，YY＝1，…7，DT＝8，XX＝9"?Q；接着，编辑子程序 PD；将道路 YY 分成两条曲线 A、B；以 909.788 6 为分界点；在开头要点明 If Q＝1：Then Goto1；在原子程序内，增加下列内容：

Lbl1：

If K＜909.7886：Then GotoA：Else GotoB：IfEnd

LblA：

156.413→C：   －419.9344→E：100°00′00″→G：

675.1301→H： 24.7715→T： －178.3392→L：

137°45′00″→M：957.7886→P： 300→R：

90→F：80→D：1→Z[9]：GotoZ

LblB：

59.7775→C：   -211.1737→E：134°59′59.29″→G：

909.7886→H：   -294.7955→T：-61.4059→L：

174°25′00″→M：1303.7657→P：500→R：

0→F：100→D：1→Z[9]：GotoZ

其中，C、E、G、H 为 ZH 点的坐标、方位角、里程；T、L、M、P 为 HZ 点的坐标、方位角、里程；R 为半径；F、D 为第一、第二缓和曲线长度；Z[9]为曲线转向，左负右正。

2 道路平面计算

　　这里所说的道路平面计算,是指计算道路有关点的方位角、坐标、极坐标放样数据、交叉口设计等,其内容几乎包括了道路测设的全部计算工作。本程序既可用于已建数据库的道路,又可用于尚未建立数据库的道路。

2.1 道路平面计算程序正文

DLPM JS

ClrStat:0→Z[10]:

"ZQ=0,DT3N=1,DT3B=2,CZ=4,DT2=6,ZB=7,DT=8,XX=9"?Q:

"?FJ=0,?XY=1,FY=2,PKB=3,JCSJ=4,JB=5,JK=6,ZDKB=7"?N:

If N=2 Or N=7: Then Prog"K": IfEnd:

If Q=0: Then Prog"E": IfEnd:

If N=4: Then "KJC"?A: A→K: 0→B: Prog"PD":

Prog"Z+Q": X→Z[31]: Y→Z[32]: Goto0: IfEnd:

If N=5 Or N=6: Then "KXQ"?O: "BXQ"?U:

"KXZ"?W: "BXZ"?Z: W-O→Z[26]: Z-U→Z[27]:

O→K: U→B: Prog"PD": Prog"Z+Q":

X→Z[31]: Y→Z[32]: W→K: Z→B: Prog"PD":

Prog"Z+Q": X→Z[33]: Y→Z[34]:

Pol(Z[33]-Z[31],Z[34]-Z[32])→Z[35]:

"XC=":Z[35]◢ J→Z[36]: Goto0: IfEnd↵

Lbl0:

Z[10]+1→Z[10]:

If N=0: Then ?K: 0→B: Goto6: IfEnd:

If N=1 Or N=2: Then ?K: ?B: Goto6: IfEnd:

If N=3: Then "XP"?→Z[13]: "YP"?→Z[14]:

0→K: 0→B: Goto6: IfEnd:

If N=4: Then "FP"?O: "Abs(ZK)"?V:

"Abs(PK)"?U: "RH"?W:

"X1＝1,X2＝2,X3＝3,X4＝4"?Z: Goto7: IfEnd:

If N=5: Then ?K: (K-O)÷Z[26]→Z[28]:

Z[27](3Z[28]²-2 Z[28]∧(3))+U→B: Goto6: IfEnd:

If N=6: Then ?K: Z[27](K-O)÷Z[26]+U→B: Goto 6: IfEnd:

If N=7: Then "LJ"?→Z[11]: "D"?→Z[12]:

O+Z[12]cos(Z[7]+Z[11])→Z[13]:

U+Z[12]sin(Z[7]+Z[11])→Z[14]:

0→K: 0→B: Goto6: IfEnd⌟

Lbl7:

If O＞180: Then O-360→O: IfEnd:

If Z=1 Or Z=4: Then A+W+U→K:

Else A-W-U→K: IfEnd:

If Z=1 Or Z=2: Then V→B:

Else -V→B: IfEnd: Goto6⌟

Lbl6:

Prog"PD": Prog"Z+Q":

If N=0: Then Goto9: IfEnd:

If N=1: Then Goto1: IfEnd:

If N=2: Then Goto2: IfEnd:

If N=3 Or N=7: Then Goto3: IfEnd:

If N=4: Then X→Z[33]: Y→Z[34]: Goto4: IfEnd:

If N=5 Or N=6: Then Goto5: IfEnd⌟

Lbl9:

If Z[8]＜0: Then Z[8]+360→Z[8]: IfEnd:

Z[8]-90→Z[41]:

If Z[41]＜0: Then Z[41]+360→Z[41]: IfEnd:

Z[8]+90→Z[42]:

If Z[42]≥360: Then Z[42]-360→Z[42]: IfEnd:

"QXFJ＝":Z[8]▶DMS◢ "ZFXFJ＝":Z[41]▶DMS◢

"YFXFJ＝":Z[42]▶DMS◢ Goto0⌟

Lbl1:

"X＝":X◢ "Y＝":Y◢ K→ListX[Z[10]]: X→ListY[Z[10]]:

Y→ListFreq[Z[10]]: Goto0⌟

Lbl2:

Prog"D": "D＝":I◢ "JJ＝":Z[24]▶DMS◢

K→ListX[Z[10]]: I→ListY[Z[10]]:
Z[24]→ListFreq[Z[10]]: Goto0↵
Lbl3:
If Z[13]=X And Z[14]=Y: Then Goto0: IfEnd:
Pol(Z[13]-X,Z[14]-Y): J-Z[8]→Z[16]:
Icos(Z[16])→Z[15]: K+Z[15]→K:
If Abs(Z[15])>0.01: Then Goto6: IfEnd:
If Abs(Z[15])>0.0001: Then Goto6: IfEnd:
"KP=":K◢ "BP=":Isin(Z[16])◢
K→ListX[Z[10]]: Isin(Z[16])→ListY[Z[10]]:
Z[10]→ListFreq[Z[10]]: Goto0↵
Lbl4:
If Z=2 Or Z=3: Then Z[8]→Z[35]:
Else Z[8]+180→Z[35]: IfEnd↵
If Z[35]>180: Then Z[35]-360→Z[35]: IfEnd:
O-Z[35]→Z[36]:
If Z[36]<-180: Then Z[36]+360→Z[36]: IfEnd:
If Z[36]>180: Then Z[36]-360→Z[36]: IfEnd:
Abs(Wsin(Z[36]))→Z[38]:
If Z=1 Or Z=3: Then -U→Z[29]:
W(cos(Z[36])-1)→Z[39]: Else U→Z[29]:
W(1-cos(Z[36]))→Z[39]: IfEnd:
Z[33]+Z[38]cos(Z[35])-Z[39]sin(Z[35])→X:
Z[34]+Z[38]sin(Z[35])+Z[39]cos(Z[35])→Y:
-(X-Z[31])sin(O)+(Y-Z[32])cos(O)- Z[29]→Z[40]:
If Z=1 Or Z=2: Then K+Z[40]→K:
Else K-Z[40]→K: IfEnd↵
If Abs(Z[40])>0.01: Then Goto6: IfEnd:
If Abs(Z[40])>0.0001: Then Goto6: IfEnd:
If Z[35]<0: Then Z[35]+360→Z[35]: IfEnd:
"XQ=":Z[33]◢ "YQ=":Z[34]◢ "FQ=":Z[35]▶DMS◢
"ZJ=":Z[36]▶DMS◢ "XPQ=":X◢ "YPQ=":Y◢
Z[33]→ListX[Z[10]]: Z[34]→ListY[Z[10]]:
Z[35]→ListFreq[Z[10]]: Goto0↵
Lbl5:

$(X-Z[31])\cos(Z[36])+(Y-Z[32])\sin(Z[36])\rightarrow Z[37]\vcentcolon$

$-(X-Z[31])\sin(Z[36])+(Y-Z[32])\cos(Z[36])\rightarrow Z[38]\vcentcolon$

"C=":Z[37]◢ "F=":Z[38]◢ K→ListX[Z[10]]:

Z[37]→ListY[Z[10]]: Z[38]→ListFreq[Z[10]]: Goto0↵

2.2 DLPM JS（道路平面计算）程序使用说明

2.2.1 该程序功能

（1）计算道路任意里程 K 的切线方位角 QXFJ、左侧法线方位角 ZFXFJ、右侧法线方位角 YFXFJ（直线地段的道路前进方向为正方向；曲线地段的切线前进方向为正方向）。

（2）计算道路任意里程 K 点的中心或离中心的垂距为 B（中线以左取负值；中线以右取正值）的点的坐标。

（3）进行道路相关点（已知 K、B）的极坐标放样计算。

（4）计算道路外 P 点（已知该点的 X、Y 坐标）或转点（实测角度与距离）的相应里程 KP(KZD) 及其离路中心的垂距 BP(BZD)（负值表示该点在路中之左；反之表示该点在路中之右）。

（5）进行道路交叉口设计计算；求出圆弧在本道路切点的坐标(XQ,YQ)、切线方位角 FQ、圆弧的圆心角 ZJ 以及旁道路切点的坐标(XPQ,YPQ)。旁道路只限于直线道路，如旁道路为曲线，则需用其他程序计算。

（6）进行道路中线、道路边线、道路渐变段或道路加宽段的弦线支距计算。

2.2.2 各种符号的含义（表 2.1）

表 2.1 各种符号的含义

符 号	符号的含义	符 号	符号的含义
"ZQ=0,DT3N=1,DT3B=2,CZ=4,DT2=6,ZB=7,DT=8"?Q	列出在建工程名称目录，其中 ZQ 为未建立引导程序的道路	?FJ	需要求道路方位角
		?XY	需要求道路相关点的坐标
		FY	需要进行道路极坐标放样计算
DT3N	东滩三期南线	PKB	要计算路外 P 点相应里程 KP 及其离路中心的垂距 BP
DT3B	东滩三期北线	ZDKB	要计算路外转点的相应里程 KZD 及其离路中心的垂距 BZD
CZ	翠竹路		
DT2	东滩二期	JCSJ	需要进行交叉口设计
ZB	中滨路	JB	需要进行渐变段弦线支距计算
DT	大通路（路名目录要与数据库 Prog"PD"建立一一对应的关系；随着工程进展，工程目录要随时修改、删除、添加、替代）	JK	需要进行加宽段弦线支距计算
		XYH	已知后视坐标的条件
		XO,YO	设站点坐标

符　号	符号的含义	符　号	符号的含义
XH、YH	后视点坐标	KP、BP	P 点或转点的相应里程及其离路中心的垂距
FH	已知后视方位角的条件或后视方位角	KJC	交叉点的里程
XZQ、YZQ	直曲点(曲线起点)的 X、Y 坐标	FP	旁(支)路的方位角
FZQ	直曲点(曲线起点)的方位角	Abs(ZK)	本(主)路半宽的绝对值
KZQ	直曲点(曲线起点)的里程	Abs(PK)	旁(支)路半宽的绝对值
XQZ、YQZ	曲直点(曲线终点)的 X、Y 坐标	RH	交叉圆弧的半径
FQZ	曲直点(曲线终点)的方位角	X1、X2、X3、X4	圆弧所在的象限序号
KQZ	曲直点(曲线终点)的里程	XQ、YQ、FQ	交叉圆弧在本路上切点的坐标及其方位角
R	圆曲线半径		
S1、S2	第一、第二缓和曲线长度	ZJ	圆弧的转(圆心)角
K	计算点的里程	XPQ、YPQ	交叉圆弧在旁(支)路上切点的坐标
B	点离路中心的垂距		
X、Y	点的大地坐标	KXQ、BXQ	弦线支距法中弦线起点的相应里程及其离路中的垂距
QXFJ	切线方位角		
ZFXFJ	左侧法线方位角	KXZ、BXZ	弦线支距法中弦线终点的相应里程及其离路中的垂距
YFXFJ	右侧法线方位角	XC	总弦长
XP、YP	P 点的大地坐标	C	弦线法中,弦线起点到计算点的连线在弦线上的投影长
LJ、D	设站某控制点、后视另一控制点后,测出转点的前视角和前视距		
		F	计算点到弦线的垂距

2.2.3　操作方法

(1)进入程序。

(2)选择相关道路名称,对于尚未建立引导程序的道路,选择 ZQ＝0;对于已经建立引导程序的道路,可直接选择相关道路名。例如,东滩三期北线,选择 DT3B＝1;东滩三期南线,选择 DT3N＝2;Q＝3,原为向阳路,现已删除;翠竹路,选择 CZ＝4;Q＝5,原为新城公园岸线,现已删除;东滩大道 2 期,选择 DT2＝6;中滨路,选择 ZB＝7;大通路,选择 DT＝8。

(3)选择需要做的工作,如要求道路 K 里程的方位角,则选择?FJ＝0;如要计算相关点的坐标,则选择? XY＝1;如要进行点的极坐标放样计算,则选择 FY＝2;如要计算路外某点 P 的相应里程和点离路中心的距离,则选择 PDKB＝3;如要设计交叉口,则选择 JCSJ＝4;如要计算路外某转点的相应里程和点离路中心的距离,则选择 ZDKB＝7;如要进行渐变段的弦线支距计算,则选择 JB＝5;如要进行加宽段的弦线支距计算,则选择 JK＝6。

(4)输入条件数据,对于放样工作和计算转点的里程和垂距的工作,需要输入测站坐标 XO、YO;选择后视条件,如已知后视方位角,则选择 FH＝2,并输入后视方位角 FH;如已知后视控制点的坐标,则选择 XYH＝1,并输入后视点坐标(XH,YH)(显示后视距离 DOH,以供校核)。对于尚未建立引导程序的道路,输入曲线起点的坐标、方位角、里程(XZQ、YZQ、FZQ、KZQ);输入曲线终点的坐标、方位角、里程(XQZ、YQZ、FQZ、KQZ);输入圆曲线半径 R、第一缓和曲线长度 S1、第二缓和曲线长度 S2(对于已经建立引导程序的道路,计算器会自动调用相关数据,无须另外输入)。

(5)对不同工作的分述如下:

①计算里程 K 的方位角,(0)? FJ:在已输入相关数据的基础上,输入所求点的里程 K,即显示该里程的切线方位角 QXFJ、左侧法线方位角 ZFXFJ、右侧法线方位角 YFXFJ。

②计算道路有关点的坐标,(1)? XY:在已输入相关数据的基础上,输入计算点的里程 K、离路中垂距 B(左负右正),即显示所求点的坐标(X,Y)。

③进行道路极坐标放样计算,(2)FY:在已输入相关数据的基础上,输入计算点的里程 K、离路中垂距 B(左负右正),即显示测站至测点的距离 D、后视至前视的顺时针夹角 JJ。

④计算 P 点的相应里程和该点离路中的垂距,(3)PDKB:在已输入相关数据的基础上,输入计算点的坐标(XP,YP),即显示计算点的相应里程 KP、该点离路中的垂距 BP,负值表示点在路中之左;正值表示点在路中之右。

⑤进行交叉口设计计算,(4)JCSJ:在已输入相关数据的基础上,输入交叉口里程 KJC、支(旁)路的方位角 FP(指向圆弧一侧的方位角)、本(主)路半宽的绝对值 Abs(KZ)、支(旁)路半宽的绝对值 Abs(KP)、圆弧半径 RH、所在象限(1)X1 或(2)X2 或(3)X3 或(4)X4,(前进方向右侧为 X1、后退方向右侧为 X2、后退方向左侧为 X3、前进方向左侧为 X4),即显示交叉圆弧在本路切点的坐标(XQ,YQ)、切线方位角 FQ、圆弧的圆心角 ZJ、圆弧在支路上切点的坐标(XPQ,YPQ)。

⑥进行渐变段或加宽段的弦线支距计算,(5)JB 或(6)JK:输入弦线起点的里程 KXQ 及其离路中垂距 BXQ、弦线终点的里程 KXZ 及其离路中垂距 BXZ,即显示总弦长 XC(供校核),输入所计算点的里程 K,即显示弦线起点到该点的线段在弦线上的投影长度 C 及点到弦的垂直距离 F(对道路中线或边线的弦线支距计算,既可用渐变模式,也可用加宽模式)。

⑦计算转点的相应里程和该点离路中的垂距,(7)ZDKB:在已输入相关数据的基础上,输入转点的前视角读数 LJ 和距离读数 D,即显示该转点的相应里程 KZD、该点离路中的垂距 BZD,负值表示点在路中之左;正值表示点在路中之右。

2.3 例 题

例 2.1 DLPM JS(FJ)

如图 2.1 所示道路包含始端直线、始端缓和曲线、中间圆曲线、终端缓和曲线、终端直线。已知 ZH 点和 HZ 点的坐标、方位角、里程如图 2.1 所示,该曲线的半径 $R=$ 500m,始端缓和曲线长 S1=50m,终端缓和曲线长 S2=40m,试计算下列各点的方位角,标于框内。

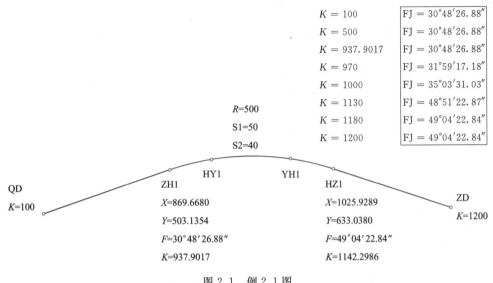

K = 100	FJ = 30°48′26.88″
K = 500	FJ = 30°48′26.88″
K = 937.9017	FJ = 30°48′26.88″
K = 970	FJ = 31°59′17.18″
K = 1000	FJ = 35°03′31.03″
K = 1130	FJ = 48°51′22.87″
K = 1180	FJ = 49°04′22.84″
K = 1200	FJ = 49°04′22.84″

R=500
S1=50
S2=40

QD
K=100

ZH1
X=869.6680
Y=503.1354
F=30°48′26.88″
K=937.9017

HY1

YH1

HZ1
X=1025.9289
Y=633.0380
F=49°04′22.84″
K=1142.2986

ZD
K=1200

图 2.1　例 2.1 图

例 2.2　DLPM JS(FJ)

如图 2.2 所示为 XX 道路的简图,依次包含直线、缓和曲线、圆曲线、缓和曲线、直线、缓和曲线、圆曲线、缓和曲线、直线各段落,试计算下列各点(包含了各个段落)的方位角,标于框内。由于该道路已经建立引导程序(数据库),所以相关数据可调用,而无需另行输入。

例 2.3　DLPM JS(XY)

如图 2.3 所示道路包含始端直线、始端缓和曲线、中间圆曲线、终端缓和曲线、终端直线,已知 ZH 点和 HZ 点的坐标、方位角、里程如图所示,该曲线的半径 $R=$500m,始端缓和曲线长 S1=50m,终端缓和曲线长 S2=40m,试计算下列各点的坐标,标于框内。

例 2.4　DLPM JS(XY)

如图 2.4 所示为 XX 道路简图,依次包含直线、缓和曲线、圆曲线、缓和曲线、直线、缓和曲线、圆曲线、缓和曲线、直线各段落;试计算下列各点(包含了各个段落)的坐标值,标于框内由于该道路已经建立引导程序(数据库),所以相关数据可调用,而无需另行输入。

例 2.5　DLPM JS(FY)

如图 2.5 所示道路包含始端直线、始端缓和曲线、中间圆曲线、终端缓和曲线、终端直线,已知 ZH 点和 HZ 点的坐标、方位角、里程如图所示,该曲线的半径 $R=$500m,始端缓和曲线长 S1=50m,终端缓和曲线长 S2=40m;设站 XO=1000,YO=550;后视 XH=1100,YH=750,试计算下列各点的极坐标放样数据,标于框内。

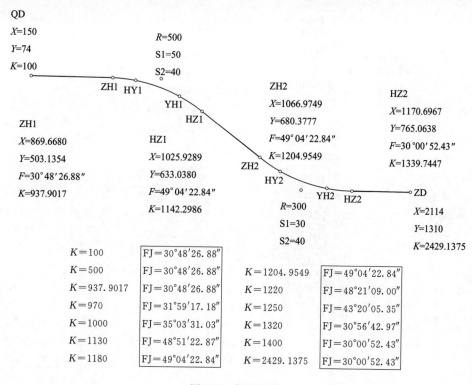

QD
X=150
Y=74
K=100

R=500
S1=50
S2=40

ZH1 HY1
YH1
HZ1

ZH2
X=1066.9749
Y=680.3777
F=49°04′22.84″
K=1204.9549

HZ2
X=1170.6967
Y=765.0638
F=30°00′52.43″
K=1339.7447

ZH1
X=869.6680
Y=503.1354
F=30°48′26.88″
K=937.9017

HZ1
X=1025.9289
Y=633.0380
F=49°04′22.84″
K=1142.2986

ZH2
HY2
YH2 HZ2
R=300
S1=30
S2=40

ZD
X=2114
Y=1310
K=2429.1375

K=100	FJ=30°48′26.88″		
K=500	FJ=30°48′26.88″		
K=937.9017	FJ=30°48′26.88″	K=1204.9549	FJ=49°04′22.84″
K=970	FJ=31°59′17.18″	K=1220	FJ=48°21′09.00″
K=1000	FJ=35°03′31.03″	K=1250	FJ=43°20′05.35″
K=1130	FJ=48°51′22.87″	K=1320	FJ=30°56′42.97″
K=1180	FJ=49°04′22.84″	K=1400	FJ=30°00′52.43″
		K=2429.1375	FJ=30°00′52.43″

图 2.2 例 2.2 图

K=100	B=0.00	X=150.0000	Y=74.0000
K=500	B=10	X=488.4357	Y=287.4509
K=937.9017	B=−10	X=874.7895	Y=494.5465
K=970	B=0.00	X=897.1229	Y=519.7634
K=1000	B=10	X=916.4174	Y=544.4670
K=1130	B=−10	X=1025.3911	Y=617.1765
K=1180	B=0.00	X=1050.6270	Y=661.5231
K=1200	B=10	X=1056.1735	Y=683.1850

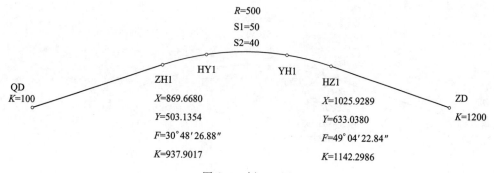

R=500
S1=50
S2=40

HY1
ZH1
X=869.6680
Y=503.1354
F=30°48′26.88″
K=937.9017

YH1
HZ1
X=1025.9289
Y=633.0380
F=49°04′22.84″
K=1142.2986

QD
K=100

ZD
K=1200

图 2.3 例 2.3 图

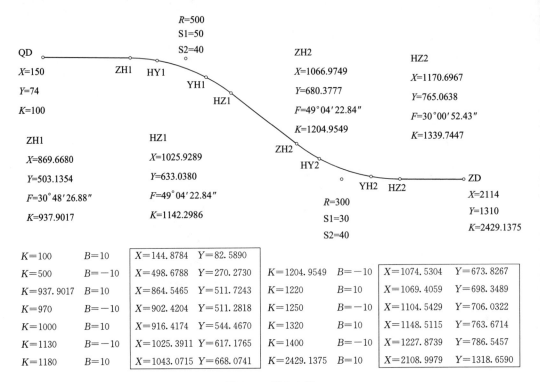

图 2.4 例 2.4 图

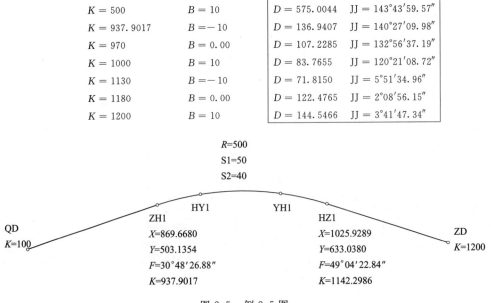

图 2.5 例 2.5 图

例 2.6 DLPM JS(FY)

如图 2.6 所示为 XX 道路的简图,包含直线、缓和曲线、圆曲线、缓和曲线、直线、缓和曲线、圆曲线、缓和曲线、直线各段落,设站 XO＝1000,YO＝550;后视 XH＝1100,YH＝750,试计算下列各点(包含了各个段落)的极坐标放样数据,标于框内。由于该道路已经建立引导程序(数据库),所以相关数据可调用,而无需另行输入。

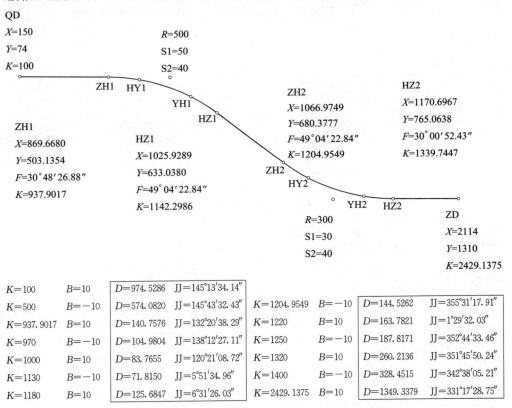

K=100	B=10	D=974.5286	JJ=145°13′34.14″				
K=500	B=−10	D=574.0820	JJ=145°43′32.43″	K=1204.9549	B=−10	D=144.5262	JJ=355°31′17.91″
K=937.9017	B=10	D=140.7576	JJ=132°20′38.29″	K=1220	B=10	D=163.7821	JJ=1°29′32.03″
K=970	B=−10	D=104.9804	JJ=138°12′27.11″	K=1250	B=−10	D=187.8171	JJ=352°44′33.46″
K=1000	B=10	D=83.7655	JJ=120°21′08.72″	K=1320	B=10	D=260.2136	JJ=351°45′50.24″
K=1130	B=−10	D=71.8150	JJ=5°51′34.96″	K=1400	B=−10	D=328.4515	JJ=342°38′05.21″
K=1180	B=10	D=125.6847	JJ=6°31′26.03″	K=2429.1375	B=10	D=1349.3379	JJ=331°17′28.75″

图 2.6 例 2.6 图

例 2.7 DLPM JS(PDKB)

如图 2.7 所示道路包含始端直线、始端缓和曲线、中间圆曲线、终端缓和曲线、终端直线,已知 ZH 点和 HZ 点的坐标、方位角、里程如图所示,该曲线的半径 $R＝500$m,始端缓和曲线长 S1＝50m,终端缓和曲线长 S2＝40m;已知 P 点坐标如图,试计算下列各 P 点的相应里程 K 及其对道路中心的垂距 B,标于框内。

例 2.8 DLPM JS(PDKB)

如图 2.8 所示为 XX 道路简图,包含直线、缓和曲线、圆曲线、缓和曲线、直线、缓和曲线、圆曲线、缓和曲线、直线各段落,已知 P 点的坐标如图,试计算下列各 P 点(包含在各个段落)的相应里程 K 及其对路中的垂距 B,标于框内。由于该道路已经建立引导程序(数据库),所以相关数据可调用,而无需另行输入。

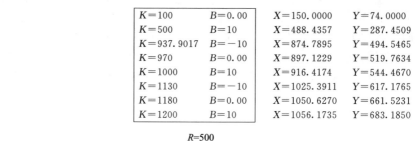

$K=100$	$B=0.00$	$X=150.0000$	$Y=74.0000$
$K=500$	$B=10$	$X=488.4357$	$Y=287.4509$
$K=937.9017$	$B=-10$	$X=874.7895$	$Y=494.5465$
$K=970$	$B=0.00$	$X=897.1229$	$Y=519.7634$
$K=1000$	$B=10$	$X=916.4174$	$Y=544.4670$
$K=1130$	$B=-10$	$X=1025.3911$	$Y=617.1765$
$K=1180$	$B=0.00$	$X=1050.6270$	$Y=661.5231$
$K=1200$	$B=10$	$X=1056.1735$	$Y=683.1850$

$R=500$

$S1=50$

$S2=40$

HY1　　　　　YH1

QD　　　　　ZH1　　　　　　　　　　HZ1　　　　ZD

$K=100$　　$X=869.6680$　　　　　　$X=1025.9289$　　$K=1200$

　　　　　$Y=503.1354$　　　　　　$Y=633.0380$

　　　　　$F=30°48'26.88''$　　　　$F=49°04'22.84''$

　　　　　$K=937.9017$　　　　　　$K=1142.2986$

图 2.7　例 2.7 图

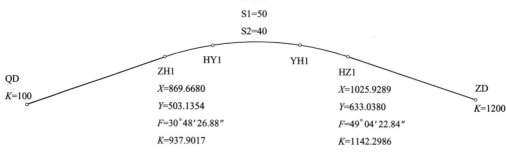

QD

$X=150$

$Y=74$　　　　　　　$R=500$

$K=100$　　　　　　$S1=50$

　　　　　　　　　$S2=40$

　　　　ZH1　HY1

　　　　　　　YH1　　　　　　　　ZH2　　　　　　　HZ2

　　　　　　　　HZ1　　　　　$X=1066.9749$　　　　$X=1170.6967$

　　　　HZ1　　　　　　　　$Y=680.3777$　　　　$Y=765.0638$

ZH1　　$X=1025.9289$　　　　$F=49°04'22.84''$　　$F=30°00'52.43''$

$X=869.6680$　$Y=633.0380$　　ZH2　$K=1204.9549$　　$K=1339.7447$

$Y=503.13\ 4$　$F=49°04'22.84''$　HY2

$F=30°48'26.88''$　$K=1142.2986$　　　　　　　　　　　YH2　　HZ2

$K=937.9017$　　　　　　　$R=300$　　　　　　　ZD

　　　　　　　　　　　　　$S1=30$　　　　　　　$X=2114$

　　　　　　　　　　　　　$S2=40$　　　　　　　$Y=1310$

　　　　　　　　　　　　　　　　　　　　　　　$K=2429.1375$

$K=100$	$B=10$	$X=144.8784$	$Y=82.5890$
$K=500$	$B=-10$	$X=498.6788$	$Y=270.2730$
$K=937.9017$	$B=10$	$X=864.5465$	$Y=511.7243$
$K=970$	$B=-10$	$X=902.4204$	$Y=511.2818$
$K=1000$	$B=10$	$X=916.4174$	$Y=544.4670$
$K=1130$	$B=-10$	$X=1025.3911$	$Y=617.1765$
$K=1180$	$B=10$	$X=1043.0715$	$Y=668.0741$

$K=1204.9549$	$B=-10$	$X=1074.5304$	$Y=673.8267$
$K=1220$	$B=10$	$X=1069.4059$	$Y=698.3489$
$K=1250$	$B=-10$	$X=1104.5429$	$Y=706.0322$
$K=1320$	$B=10$	$X=1148.5115$	$Y=763.6714$
$K=1400$	$B=-10$	$X=1227.8739$	$Y=786.5457$
$K=2429.1375$	$B=10$	$X=2108.9979$	$Y=1318.6590$

图 2.8　例 2.8 图

例 2.9 DLPM JS(ZDKB)

如图 2.9 所示道路包含始端直线、始端缓和曲线、中间圆曲线、终端缓和曲线、终端直线,已知 ZH 点和 HZ 点的坐标、方位角、里程如图所示,该曲线的半径 $R=500$m,始端缓和曲线长 S1$=50$m,终端缓和曲线长 S2$=40$m;设站 X0$=1000$,Y0$=550$;后视 XH$=1100$,YH$=750$,观测下列各转点,其前视距离 D 及其前后视夹角 JJ 如图,试计算各转点的相应里程 K 及其对路中的垂距 B,标于框内。

$K=100$	$B=0.0$	$D=974.2053$	JJ$=145°48'49.95''$
$K=500$	$B=10$	$D=575.0044$	JJ$=143°43'59.57''$
$K=937.9017$	$B=-10$	$D=136.9407$	JJ$=140°27'09.98''$
$K=970$	$B=0.0$	$D=107.2285$	JJ$=132°56'37.17''$
$K=1000$	$B=10$	$D=83.7655$	JJ$=120°21'08.72''$
$K=1130$	$B=-10$	$D=71.8150$	JJ$=5°51'34.96''$
$K=1180$	$B=0.0$	$D=122.4765$	JJ$=2°08'56.15''$
$K=1200$	$B=10$	$D=144.5466$	JJ$=3°41'47.29''$

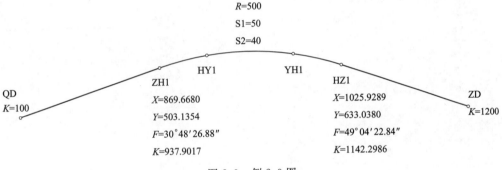

图 2.9 例 2.9 图

例 2.10 DLPM JS(ZDKB)

如图 2.10 所示为 XX 道路简图,包含直线、缓和曲线、圆曲线、缓和曲线、直线、缓和曲线、圆曲线、缓和曲线、直线各段落,设站 XO$=1000$,YO$=550$;后视 XH$=1100$,YH$=750$;观测下列各转点,距离和夹角的数据如图,试计算下列各点(包含了各个段落)的相应里程 K 及其对路中的垂距 B,标于框内。由于该道路已经建立引导程序(数据库),所以相关数据可调用,而无需另行输入。

例 2.11 DLPM JS(JCSJ)

如图 2.11 所示道路包含始端直线、始端缓和曲线、中间圆曲线、终端缓和曲线、终端直线,已知 ZH 点和 HZ 点的坐标、方位角、里程如图所示。该曲线的半径 $R=500$m,始端缓和曲线长 S1$=50$m,终端缓和曲线长 S2$=40$m。设在第一缓和曲线上 K0$+$950 处有一支路,其往左的方位角 FP$=300°$,其往右的方位角 FP$=115°$,需设交叉口,各路的半宽及圆弧半径如图 2.12 所示。试计算圆弧的转角 ZJ、切点的坐标 XQ、YQ、XPQ、YPQ 及方位角 FQ,标于框内。

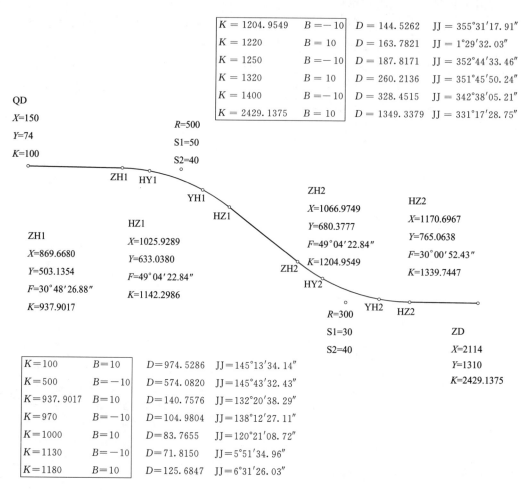

图 2.10 例 2.10 图

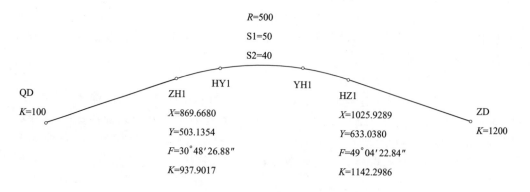

图 2.11 例 2.11 道路所包含元素

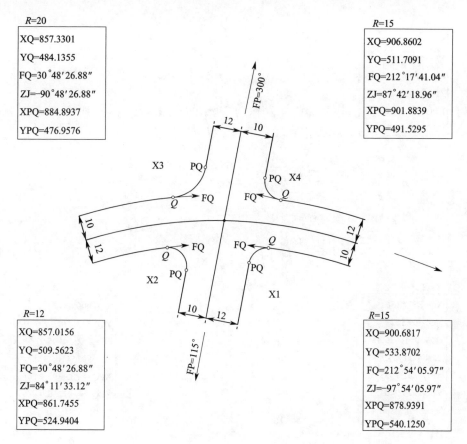

图 2.12 例 2.12 道路半宽及圆弧半径

例 2.12 DLPM JS(JCSJ)

在 XX 道路 K0+950 处有一交叉口如图 2.13 所示,计算条件与上题相同,试设计该交叉口。

例 2.13 DLPM JS(JB)

图示道路包含始端直线、始端缓和曲线、中间圆曲线、终端缓和曲线、终端直线,已知 ZH 点和 HZ 点的坐标、方位角、里程如图 2.14 所示,该曲线的半径 $R=500$m,始端缓和曲线长 S1=50m,终端缓和曲线长 S2=40m。设在 K1+100~K1+150 之间,右侧边线为三次抛物线渐变段,路半宽由 10m 渐变到 15m。设渐变段起讫点已测设完毕,试计算弦线支距法的测设数据,标于框内。

例 2.14 DLPM JS(JB)

设在如图 2.16 所示 XX 道路的 K1+100~K1+150 之间,右侧边线为三次抛物线渐变段,路半宽由 10m 渐变到 15m;设渐变段起讫点已测设完毕;试计算弦线支距法的测设数据,标于框内。

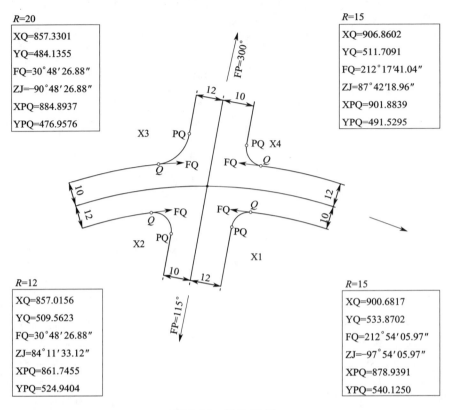

图 2.13 例 2.12 图

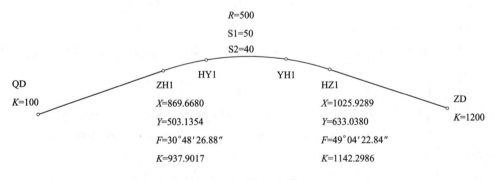

图 2.14 例 2.13 图

例 2.15 DLPM JS(JK)

设在 XX 道路(该道路简图见图 1.3)K0+937.9017～K0+987.9017 里程之间,右侧道路半宽由 10m 过渡到 11m,设加宽段起讫点已测设完毕,试计算该加宽段弦线支距法测设数据,标于框内。

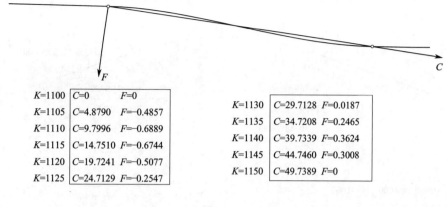

$K=1100$	$C=0$	$F=0$
$K=1105$	$C=4.8790$	$F=-0.4857$
$K=1110$	$C=9.7996$	$F=-0.6889$
$K=1115$	$C=14.7510$	$F=-0.6744$
$K=1120$	$C=19.7241$	$F=-0.5077$
$K=1125$	$C=24.7129$	$F=-0.2547$

$K=1130$	$C=29.7128$	$F=0.0187$
$K=1135$	$C=34.7208$	$F=0.2465$
$K=1140$	$C=39.7339$	$F=0.3624$
$K=1145$	$C=44.7460$	$F=0.3008$
$K=1150$	$C=49.7389$	$F=0$

图　2.15

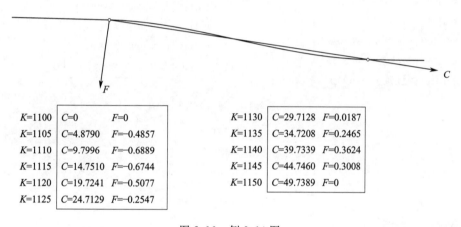

$K=1100$	$C=0$	$F=0$
$K=1105$	$C=4.8790$	$F=-0.4857$
$K=1110$	$C=9.7996$	$F=-0.6889$
$K=1115$	$C=14.7510$	$F=-0.6744$
$K=1120$	$C=19.7241$	$F=-0.5077$
$K=1125$	$C=24.7129$	$F=-0.2547$

$K=1130$	$C=29.7128$	$F=0.0187$
$K=1135$	$C=34.7208$	$F=0.2465$
$K=1140$	$C=39.7339$	$F=0.3624$
$K=1145$	$C=44.7460$	$F=0.3008$
$K=1150$	$C=49.7389$	$F=0$

图 2.16　例 2.14 图

$K=937.9017$	$C=0$	$F=0$
$K=942.9017$	$C=4.9953$	$F=-0.0829$
$K=947.9017$	$C=9.9804$	$F=-0.1605$
$K=952.9017$	$C=14.9554$	$F=-0.2278$
$K=957.9017$	$C=19.9199$	$F=-0.2798$
$K=962.9017$	$C=24.8737$	$F=-0.3117$

$K=967.9017$	$C=29.8167$	$F=-0.3185$
$K=972.9017$	$C=34.7484$	$F=-0.2956$
$K=977.9017$	$C=39.6684$	$F=-0.2380$
$K=982.9017$	$C=44.5763$	$F=-0.1410$
$K=987.9017$	$C=49.4712$	$F=0$

例 2.16　DLPM JS(JB、JK)

XX 道路如图 2.17 所示，设 K1+090 及 K1+150 的路中心已测设完毕，试用弦线支距法补充测设中间各点，将测设数据标于框内（用加宽和渐变都可，C 与 F 的含义同前）。

例 2.17　DLPM JS(JB、JK)

XX 道路如图 2.18 所示，设 K1+090 及 K1+150 的左侧路边桩（路半宽 15m）已

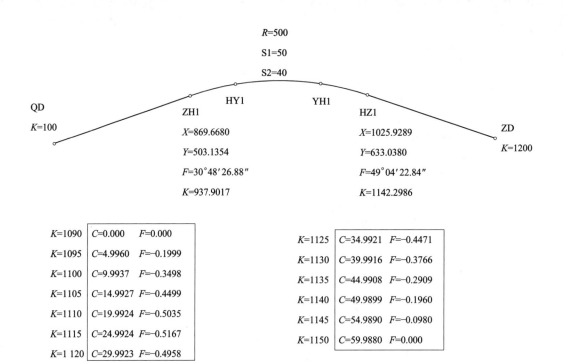

R=500
S1=50
S2=40

QD
K=100

HY1

YH1

ZH1
X=869.6680
Y=503.1354
F=30°48′26.88″
K=937.9017

HZ1
X=1025.9289
Y=633.0380
F=49°04′22.84″
K=1142.2986

ZD
K=1200

K=1090	C=0.000	F=0.000
K=1095	C=4.9960	F=−0.1999
K=1100	C=9.9937	F=−0.3498
K=1105	C=14.9927	F=−0.4499
K=1110	C=19.9924	F=−0.5035
K=1115	C=24.9924	F=−0.5167
K=1 120	C=29.9923	F=−0.4958

K=1125	C=34.9921	F=−0.4471
K=1130	C=39.9916	F=−0.3766
K=1135	C=44.9908	F=−0.2909
K=1140	C=49.9899	F=−0.1960
K=1145	C=54.9890	F=−0.0980
K=1150	C=59.9880	F=0.000

图 2.17 例 2.16 图

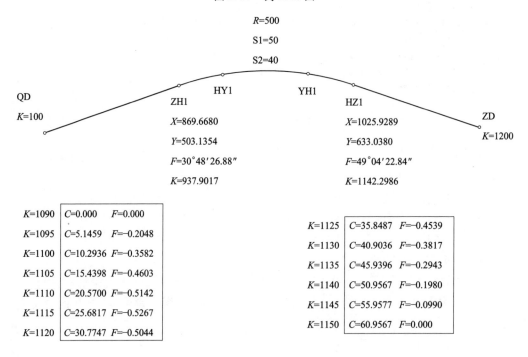

R=500
S1=50
S2=40

QD
K=100

HY1

YH1

ZH1
X=869.6680
Y=503.1354
F=30°48′26.88″
K=937.9017

HZ1
X=1025.9289
Y=633.0380
F=49°04′22.84″
K=1142.2986

ZD
K=1200

K=1090	C=0.000	F=0.000
K=1095	C=5.1459	F=−0.2048
K=1100	C=10.2936	F=−0.3582
K=1105	C=15.4398	F=−0.4603
K=1110	C=20.5700	F=−0.5142
K=1115	C=25.6817	F=−0.5267
K=1120	C=30.7747	F=−0.5044

K=1125	C=35.8487	F=−0.4539
K=1130	C=40.9036	F=−0.3817
K=1135	C=45.9396	F=−0.2943
K=1140	C=50.9567	F=−0.1980
K=1145	C=55.9577	F=−0.0990
K=1150	C=60.9567	F=0.000

图 2.18 例 2.17 图

测设完毕,试用弦线支距法补充测设中间各点,将测设数据标于框内(用加宽和渐变都可,C 与 F 的含义同前)。

例 2.18 DLPM JS

如图 2.19 所示为 YY 复曲线,其数据已经存入数据库 PD,试计算下列各点的坐标,并分析 QZ1* 点的坐标。

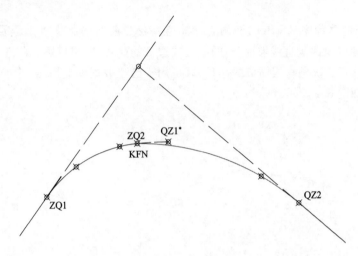

图 2.19 例 2.18 图

$K=600(Z)$	$B=0$	$X=169.4592$	$Y=-493.9231$
$K=675.1301(ZH)$	$B=0$	$X=156.4130$	$Y=-419.9344$
$K=700(H)$	$B=0$	$X=152.0009$	$Y=-395.4591$
$K=909.7886(KFN)$	$B=0$	$X=59.7775$	$Y=-211.1738$
$K=957.7886(Y)(QZ1^*)$	$B=0$	$X=24.2607$	$Y=-178.9125$
$K=1000(Y)$	$B=0$	$X=-9.4048$	$Y=-153.4688$
$K=1250(H)$	$B=0$	$X=-241.3398$	$Y=-67.1521$
$K=1303.7657(HZ)$	$B=0$	$X=-294.7955$	$Y=-61.4059$
$K=1400(Z)$	$B=0$	$X=-390.5732$	$Y=-52.0429$

在例 1.8 中,第一条曲线终点($K=957.7886$)坐标 XQZ1 $=24.7715$,YQZ1 $=-178.3392$;而复曲线上 $K=957.7886$ 时,$X=24.2067$,$Y=-178.9125$,二者不同。这是因为 KFN~QZ1 已经被删除,取而代之的是第二条曲线的圆曲线部分。

3 道路的高程计算

道路高程计算程序(DLSQ JS)用于计算道路各竖曲线的起讫点里程及其高程;计算某里程(竖曲线及两端直线坡部分)的中桩或边桩的高程;既可计算横坡为直线坡的高程,又可计算修正三次抛物线横坡的高程;既可用于已建数据库的道路,又可用于未建数据库的道路,如图 3.1 所示。

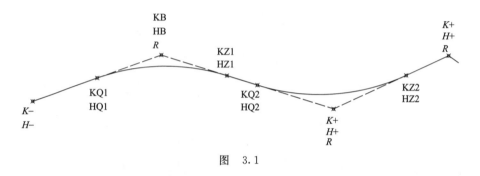

图　3.1

3.1　道路的高程计算程序正文

DLSQ JS

ClrStat:0→Z[10]:

"SQ=0,XX=1,DT2=2,CZ=3,DT3=4,DL=5"?Q:

"HP"?G:"ZXP=1,H3=2,Z+3=3"?O:

If Q=0:Then Goto0:Else Goto2:IfEnd⏎

Lbl0:

"K-"?A:"H-"?B:"KB"?C:"HB"?D:Goto1⏎

Lbl1:

"K+"?E:"H+"?F:?R:

"SJ=1,?H=2"?V:

If V=1:Then Goto3:Else Goto2:IfEnd⏎

Lbl3:

Z[10]+1→Z[10]:(D-B)÷(C-A)→L:(F-D)÷(E-C)→M:

Abs((M-L)R÷2)→T:C-T→N:C+T→Z:

"KQ=":N◢ "HQ=":B+(N-A)L◢

"KZ=":Z◢ "HZ=":D+(Z-C)M◢

C→ListX[Z[10]]：N→ListY[Z[10]]：Z→ListFreq[Z[10]]：

C→A：D→B：E→C：F→D：Goto1↵

Lbl2：

Z[10]+1→Z[10]：?K：

If O=2：Then "B0"?U：IfEnd：

If O=3：Then "B0"?U："B0Z"?X：IfEnd：

"B"?S：Prog"HD"：Goto5↵

Lbl5：

(D-B)÷(C-A)→L：(F-D)÷(E-C)→M：

If M>L：Then 1→W：Else -1→W：IfEnd：

Abs((M-L)R÷2)→T：C-T→N：C+T→Z：

If K<N：Then Goto6：IfEnd：

If K≥N And K≤Z：Then Goto7：IfEnd：

If K>Z：Then Goto8：IfEnd↵

Lbl6：

B+(K-A)L→P：Goto9↵

Lbl7：

B+(K-A)L+W(K-N)^2÷(2R)→P：Goto9↵

Lbl8：

D+(K-C)M→P：Goto9↵

Lbl9：

If O=1：Then P-Abs(SG)→H：IfEnd：

If O=2：Then P-(Abs(UG)(4(S÷(2U))^(3)+S÷(2U))→H：IfEnd：

If O=3 And S<X：Then P-Abs(GS)→H：IfEnd：

If O=3 And S≥X：Then P-Abs(GX)→Z[1]：

Abs(S-X)→Z[2]：Abs(U-X)→Z[3]：Z[3]G→Z[4]：

Z[1]-Z[4](4(Z[2]÷(2Z[3]))^(3)+Z[2]÷(2Z[3]))→H：IfEnd：

"H=":H◢ K→ListX[Z[10]]：S→ListY[Z[10]]：

H→ListFreq[Z[10]]：Goto2↵

3.2 DLSQ JS（道路高程计算）程序使用说明

3.2.1 该程序功能

（1）在已知道路变坡点里程和高程的条件下，计算道路竖曲线起点里程 KQ 及其高程 HQ、竖曲线终点里程 KZ 及其高程 HZ。

(2)计算道路纵断面高程或横断面高程(既可计算直线横坡,也可计算修正三次抛物线横坡;既可计算已建数据库的道路,也可计算未建数据库的道路)。

3.2.2 程序中各符号的含义(表 3.1)

表 3.1　各符号的含义

符　号	符号的含义	符　号	符号的含义
"SQ=0,ZB=1,DT2=2,CZ=3,DT3=4,?Q"	在建工程名称目录,其中 SQ 为未建立引导程序的道路	KB、HB	计算竖曲线变坡点的里程及其高程
ZB	中滨路	K+、H+	竖曲线下一个变坡点的里程及其高程
DT2	东滩二期	R	竖曲线的半径
CZ	翠竹路	SJ	需要设计竖曲线(计算竖曲线的起讫点里程、高程:KQ、HQ、KZ、HZ)
DT3	东滩三期(路名目录要与数据库Prog"HD"建立一一对应的关系;随着工程进展,工程目录要随时修改、删除、添加、替代)	?H	需要求相关点的高程
HP	横向坡度(如 0.02)	KQ、HQ	竖曲线起点里程及其高程
ZXP	直线坡	KZ、HZ	竖曲线终点里程及其高程
H3	修正 3 次抛物线坡	B0	修正三次抛物线坡或直线横坡加修正三次抛物线横坡的路中到路边的总宽
Z+3	直线横坡加修正三次抛物线横坡	B0Z	中间直线横坡的宽度
K-、H-	竖曲线上一个变坡点的里程及其高程	H	计算点的高程

3.2.3 操作方法

(1)进入程序。

(2)选择相关道路名称;对于尚未建立引导程序的道路,选择(0)SQ;对于已经建立引导程序的道路,可直接选择相关道路名。例如,中滨路选择(1)ZB;东滩大道 2 期,选择(2)DT2;翠竹路,选择(3)CZ;东滩三期选择(4)DT3。

(3)输入条件数据,输入道路横向坡度 HP(如 0.015、0.02 等)。判断道路横向坡度形式,如为直线坡,则输入(1)ZXP;如为修正三次抛物线坡,则输入(2)H3;如为直线横坡加修正三次抛物线横坡,则输入 Z+3。

(4)对不同工作的分述如下:

①计算道路竖曲线起点里程 KQ 及其高程 HQ、竖曲线终点里程 KZ 及其高程 HZ(只有在未建立引导程序的道路上才需要用,对已建立引导程序的道路,计算器已

经储存相关数据，会自动调用）：输入本竖曲线前一个变坡点的里程 $K-$ 及其高程 $H-$、输入本竖曲线变坡点的里程 KB 及其高程 HB、输入本竖曲线下一个变坡点的里程 $K+$ 及其高程 $H+$；输入本竖曲线半径 R；输入工作选项，如要计算竖曲线起讫点数据，则输入 SJ＝1；即显示本竖曲线起点里程 KQ 及其高程 HQ、竖曲线终点里程 KZ 及其高程 HZ；进行下一条竖曲线设计时，$K-$、$H-$、K、H 由计算器自动调用，只要继续输入 $K+$、$H+$ 及竖曲线半径 R，就会显示计算结果，直至全线竖曲线设计完毕。

②计算道路纵、横断面高程（对未建立引导程序的道路输入工作选项？H＝2，对已建立引导程序的道路，计算器会自动调用储存的数据）：输入计算点的里程 K、对于横向为修正三次抛物线坡或直线横坡加修正三次抛物线坡的道路，输入道路中心到路边的总宽 B0（对于直线横坡的道路，无须输入 B0）；对直线横坡加修正三次抛物线坡的道路，还需输入中间直线横坡的宽度 B0Z；输入计算点离路中的距离 B（可不分正负），即显示所求点的高程 H。

3.3　例　　题

例 3.1　DLSQ JS（SJ）

某道路的变坡点里程、高程如图 3.2 所示，试计算各竖曲线的起讫点 KQ、KZ 及其高程 HQ、HZ，标于框内。

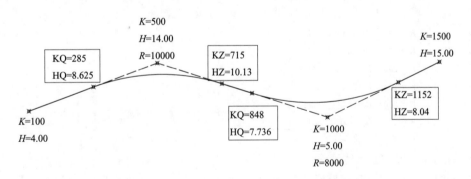

图 3.2　例 3.1 图

例 3.2　DLSQ JS（SJ）

将上述道路编入数据库 HD，并修改主程序 DLSQJS；设道路名 XX；首先，编辑主程序 DLSQJS，打开主程序，将"SQ＝0，ZB＝1，…DL＝5"？Q 中的 ZB＝1 修改成 XX＝1，修改完毕。

接着，编辑子程序 HD，If Q＝0：Then GotoZ：IfEnd：If Q＝1：Then Goto1：IfEnd：If Q＝2：Then Goto2：IfEnd：If Q＝3：Then Goto3：IfEnd：…（Lbl1 将

是 XX 路的数据);将 XX 路分成 4 部分,分别是:＜100、≥100～＜800、≥800～
≤1500、＞1500;编辑如下:

Lbl1：If K＜100：Then Stop：IfEnd：If K≥100 And K＜800：Then GotoA：
IfEnd：If K≥800 And K≤1500：Then GotoB：IfEnd：If K＞1500：Then Stop：

LblA：100→A：4→B：500→C：14→D：1000→E：5→F：10000→R：GotoZ

LblB：500→A：14→B：1000→C：5→D：1500→E：15→F：8000→R：GotoZ

……

……

LblZ

例 3.3 DLSQ JS(?H)

如图 3.3 所示为某道路纵断面的一部分(K0+100～K0+848),试计算下列各桩号
路中高程,标于框内。

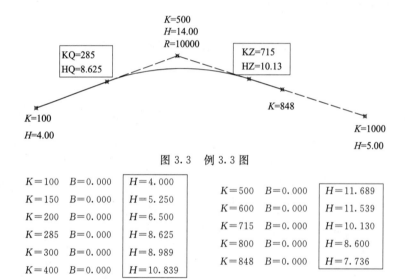

图 3.3 例 3.3 图

$K=100$	$B=0.000$	$H=4.000$
$K=150$	$B=0.000$	$H=5.250$
$K=200$	$B=0.000$	$H=6.500$
$K=285$	$B=0.000$	$H=8.625$
$K=300$	$B=0.000$	$H=8.989$
$K=400$	$B=0.000$	$H=10.839$

$K=500$	$B=0.000$	$H=11.689$
$K=600$	$B=0.000$	$H=11.539$
$K=715$	$B=0.000$	$H=10.130$
$K=800$	$B=0.000$	$H=8.600$
$K=848$	$B=0.000$	$H=7.736$

例 3.4 DLSQ JS(?H)

如图 3.4 所示为某道路纵断面的一部分(K0+100～K0+848),该路横坡 2%,直
线坡,路半宽 10m,试计算下列各边桩高程,标于框内。

例 3.5 DLSQ JS(?H)

如图 3.5 所示为某道路纵断面的一部分(K0+100～K0+848),该路横坡 2%,修
正三次抛物线坡,路半宽 10m,试计算下列各桩号离路中垂距 5.5m 点的高程,标于框
内。

例 3.6 DLSQ JS(?H)

如图 3.6 所示为某道路纵断面,试计算下列各桩号路中高程,标于框内。

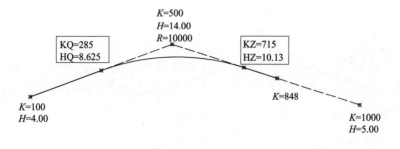

图 3.4　例 3.4 图

$K=100$	$B=10.000$	$H=3.800$
$K=150$	$B=10.000$	$H=5.050$
$K=200$	$B=10.000$	$H=6.300$
$K=285$	$B=10.000$	$H=8.425$
$K=300$	$B=10.000$	$H=8.789$
$K=400$	$B=10.000$	$H=10.639$

$K=500$	$B=10.000$	$H=11.489$
$K=600$	$B=10.000$	$H=11.339$
$K=715$	$B=10.000$	$H=9.930$
$K=800$	$B=10.000$	$H=8.400$
$K=848$	$B=10.000$	$H=7.536$

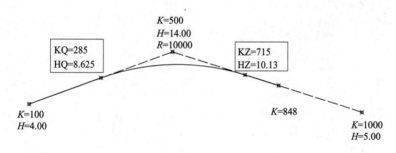

图 3.5　例 3.5 图

$K=100$	$B=5.500$	$H=3.928$
$K=150$	$B=5.500$	$H=5.178$
$K=200$	$B=5.500$	$H=6.428$
$K=285$	$B=5.500$	$H=8.553$
$K=300$	$B=5.500$	$H=8.917$
$K=400$	$B=5.500$	$H=10.767$

$K=500$	$B=5.500$	$H=11.617$
$K=600$	$B=5.500$	$H=11.467$
$K=715$	$B=5.500$	$H=10.058$
$K=800$	$B=5.500$	$H=8.528$
$K=848$	$B=5.500$	$H=7.664$

例 3.7　DLSQ JS(?H)

如图 3.7 所示为某道路的纵断面,该路横向为 2% 的直线坡,路半宽 10m,试计算下列各边桩高程,标于框内。

例 3.8　DLSQ JS(?H)

如图 3.8 所示为某道路的纵断面,该路横坡 2%,修正三次抛物线坡,路半宽 10m,试计算下列各桩号离路中垂距 5.5m 点的高程,标于框内。

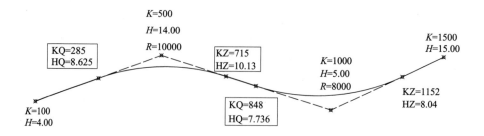

图 3.6   例 3.6 图

$K=100$	$B=0.000$	$H=4.000$
$K=150$	$B=0.000$	$H=5.250$
$K=200$	$B=0.000$	$H=6.500$
$K=285$	$B=0.000$	$H=8.625$
$K=300$	$B=0.000$	$H=8.989$
$K=400$	$B=0.000$	$H=10.839$
$K=500$	$B=0.000$	$H=11.689$
$K=600$	$B=0.000$	$H=11.539$
$K=715$	$B=0.000$	$H=10.130$

$K=800$	$B=0.000$	$H=8.600$
$K=848$	$B=0.000$	$H=7.736$
$K=900$	$B=0.000$	$H=6.969$
$K=1\ 000$	$B=0.000$	$H=6.444$
$K=1\ 152$	$B=0.000$	$H=8.040$
$K=1\ 200$	$B=0.000$	$H=9.000$
$K=1\ 400$	$B=0.000$	$H=13.000$
$K=1\ 500$	$B=0.000$	$H=15.000$

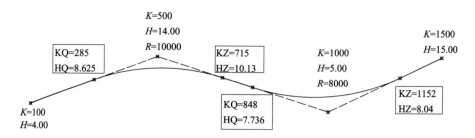

图 3.7   例 3.7 图

$K=100$	$B=10.000$	$H=3.800$
$K=150$	$B=10.000$	$H=5.050$
$K=200$	$B=10.000$	$H=6.300$
$K=285$	$B=10.000$	$H=8.425$
$K=300$	$B=10.000$	$H=8.789$
$K=400$	$B=10.000$	$H=10.639$
$K=500$	$B=10.000$	$H=11.489$
$K=600$	$B=10.000$	$H=11.339$
$K=715$	$B=10.000$	$H=9.930$

$K=800$	$B=10.000$	$H=8.400$
$K=848$	$B=10.000$	$H=7.536$
$K=900$	$B=10.000$	$H=6.769$
$K=1\ 000$	$B=10.000$	$H=6.244$
$K=1\ 152$	$B=10.000$	$H=7.840$
$K=1\ 200$	$B=10.000$	$H=8.800$
$K=1\ 400$	$B=10.000$	$H=12.800$
$K=1\ 500$	$B=10.000$	$H=14.800$

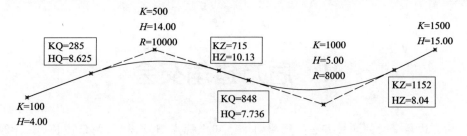

图 3.8 例 3.8 图

$K=100$	$B=5.000$	$H=3.928$
$K=150$	$B=5.000$	$H=5.178$
$K=200$	$B=5.000$	$H=6.428$
$K=285$	$B=5.000$	$H=8.553$
$K=300$	$B=5.000$	$H=8.917$
$K=400$	$B=5.000$	$H=10.767$
$K=500$	$B=5.000$	$H=11.617$
$K=600$	$B=5.000$	$H=11.467$
$K=715$	$B=5.000$	$H=10.058$

$K=800$	$B=5.000$	$H=8.528$
$K=848$	$B=5.000$	$H=7.664$
$K=900$	$B=5.000$	$H=6.897$
$K=1\ 000$	$B=5.000$	$H=6.372$
$K=1\ 152$	$B=5.000$	$H=7.968$
$K=1\ 200$	$B=5.000$	$H=8.928$
$K=1\ 400$	$B=5.000$	$H=12.928$
$K=1\ 500$	$B=5.000$	$H=14.928$

4 后方边角交会

后方边角交会的测量方法为观测两个已知坐标点 S、Z；记录两条边长（B1、B2）及其左夹角 LJ0。根据观测数据，用本程序计算 S、Z 之间理论距离与实测距离之差 DC 及 P 点的坐标（XP，YP）。为方便计算，在求得 XP、YP 后，可根据需要，接着用本程序进行转点计算、支导线计算、极坐标放样计算、直线计算等工作，如图 4.1 所示。

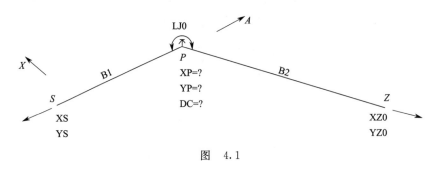

图　4.1

4.1 后方边角交会程序正文

BJB JS

ClrStat：0→Z［10］↙

"XS"?W："YS"?Z："XZ0"?T："YZ0"?H：

"B1"?C："LJ0"?E："B2"?G：

Pol(T-W,H-Z)→Z［1］：J→Z［2］：E-180→Z［3］：

C+Gcos(Z［3］)→Z［31］：

Gsin(Z［3］)→Z［32］：

Pol(Z［31］,Z［32］)→Z［4］：J→Z［5］：

Z［4］-Z［1］→Z［6］："DC=":Z［6］↙

Z［2］-Z［5］→Z［8］：Z［6］cos(Z［2］)→Z［9］：

Z［6］sin(Z［2］)→Z［11］："PC=1,NOT=2"?Q：

If Q=1：Then W+Ccos(Z［8］)-CZ［9］÷(C+G)→O：

Z+Csin(Z［8］)-CZ［11］÷(C+G)→U：

W+Z［4］cos(Z［2］)-Z［9］→Z［12］：

Z+Z[4]sin(Z[2])-Z[11]→Z[13]:

Else W+Ccos(Z[8])→O:

Z+Csin(Z[8])→U:

W+Z[4]cos(Z[2])→Z[12]:

Z+Z[4]sin(Z[2])→Z[13]: IfEnd↵

"XP=":O◢ "YP=":U◢ "XZ=":Z[12]◢ "YZ=":Z[13]◢

"ZD=1,+DX=2,XYFY=3,ZXJS=4,ABFY=5"?N:

Pol(W-O,Z-U): J→Z[7]: "DOH=":I◢

If N=1: Then Goto1: IfEnd↵

If N=2: Then Goto2: IfEnd:

If N=3: Then Goto3: IfEnd↵

If N=4 Or N=5: Then "XQ"?P: "YQ"?R:

"KQ"?M: "FQ=1,AXY=2"?S: IfEnd↵

If S=1: Then "FQ"?V: Else

"XA"?A: "YA"?F:

Pol(A-P,F-R)→Z[29]:

"KEND=":M+Z[29]◢

J→V: IfEnd↵

If N=4: Then Goto4: IfEnd↵

If N=5: Then Goto5: IfEnd↵

Lbl1:

Z[10]+1→Z[10]: "LJ"?L: ?D: L+Z[7]→Z[33]:

O+Dcos(Z[33])→X: U+Dsin(Z[33])→Y:

"XZD=":X◢ "YZD=":Y◢

X→ListX[Z[10]]: Y→ListY[Z[10]]: Goto1↵

Lbl2:

Z[7]+180→Z[33]: O→X: U→Y: GotoA↵

LblA:

Z[10]+1→Z[10]: "LJ"?L: ?D:

L-180+Z[33]→Z[33]:

Dcos(Z[33])+X→X:

Dsin(Z[33])+Y→Y:

"X+=":X◢ "Y+=":Y◢

X→ListX[Z[10]]: Y→ListY[Z[10]]: GotoA↵

Lbl3:

Z[10]+1→Z[10]: ?X: ?Y: Prog"D":

"D=":I◢ "JJ=":Z[24]▸DMS◢

I→ListX[Z[10]]: Z[24]→ListY[Z[10]]: Goto3⏎

Lbl4:

"FY=1,ZDKB=2"?B:

If B=1: Then Goto6: Else Goto7: IfEnd⏎

Lbl6:

Z[10]+1→Z[10]: ?K: ?B:

P+(K-M)cos(V)-Bsin(V)→X:

R+(K-M)sin(V)+Bcos(V)→Y:

Prog"D": "D=":I◢ "JJ=":Z[24]▸DMS◢

I→ListX[Z[10]]: Z[24]→ListY[Z[10]]: Goto6⏎

Lbl7:

Z[10]+1→Z[10]: "LJ"?L: ?D: L+Z[7]→Z[33]:

O+Dcos(Z[33])→X:

U+Dsin(Z[33])→Y:

(X-P)cos(V)+(Y-R)sin(V)+M→K:

-(X-P)sin(V)+(Y-R)cos(V)→Z[45]:

"KZD=":K◢ "BZD=":Z[45]◢

K→ListX[Z[10]]: Z[45]→ListY[Z[10]]: Goto7⏎

Lbl5:

Z[10]+1→Z[10]:

(O-P)cos(V)+(U-R)sin(V)+M→Z[15]:

-(O-P)sin(V)+(U-R)cos(V)→Z[16]:

"A0=":Z[15]◢ "B0=":Z[16]◢

(W-P)cos(V)+(Z-R)sin(V)+M→Z[17]:

-(W-P)sin(V)+(Z-R)cos(V)→Z[18]:

Pol(Z[17]-Z[15],Z[18]-Z[16]):

If J<0: Then 360+J→J: IfEnd⏎

"FA=":J▸DMS◢ "AH=":Z[17]◢ "BH=":Z[18]◢

Z[15]→ListX[Z[10]]: Z[16]→ListY[Z[10]]:

J→ListFreq[Z[10]]: Stop⏎

4.2　BJB JS(边角边或称后方边角交会)程序的使用说明

4.2.1　该程序功能

(1)在已知起讫点坐标的条件下,进行边角后方交会测量,根据测得的数据,计算自由测站的坐标。

(2)在自由测站测量的基础上,进行转点测量,计算转点坐标。

(3)在自由测站测量的基础上,进行支导线测量,用本程序计算出支导线各导线点的坐标。

(4)在自由测站测量的基础上,进行直线的极坐标放样计算。

(5)在自由测站测量的基础上,计算转点的直线里程及其对直线的垂距。

(6)在自由测站测量基础上,将测站点和后视点的坐标换算成道路坐标,以便使用全站仪的内置测量模式。

4.2.2　各符号的含义(表 4.1)

表 4.1　各符号的含义

符　号	符号的含义	符　号	符号的含义
XS、YS	起始点(第一个观测点)的大地坐标值	X+、Y+	导线点的计算坐标值
XZ0、YZ0	终点(第二个观测点)的大地坐标值	LJ	后视顺时针转向转点或支导线边之间所夹左角
B1	第一条边(起始点到自由测站)的长度	D	测站到前视点的距离
LJ0	两边所夹左角,即第一条边顺时针转向第二条边的夹角	X、Y	放样点的坐标值
B2	第二条边(测站到终点)的长度	JJ	放样计算中,后视顺时转向前视的夹角
DC	实测的起讫点之间的距离与理论距离的差	XQ、YQ	道路坐标系原点的大地坐标值
PC	需要平差	KQ	道路坐标原点的里程
NOT	不需要平差	FQ	已知道路坐标的方位角的条件或方位角的数值
XP、YP	自由测站坐标的计算值	AXY	已知道路中线上某点的大地坐标的条件
XZ、YZ	计算的终点坐标	XA、YA	直线道路上某点的坐标
ZD	在自由测站测量的基础上,进行转点坐标的计算	KEND	直线上 A 点的计算里程
+DX	在自由测站测量的基础上,接着进行支导线计算	K、B	直线的里程及其垂距
+XYFY	在自由测站测量的基础上,接着进行已知坐标点的极坐标放样计算	KZD、BZD	转点的计算里程及其垂距
+ZXJS	在自由测站测量的基础上,进行直线放样计算或计算转点的直线里程及其垂距	AO、BO	测站的道路坐标值

符　号	符号的含义	符　号	符号的含义
＋ABFY	在自由测站测量的基础上,接着将测站和后视点(起始点)的大地坐标换算成道路坐标	FA	测站到后视点(起始点)的道路坐标方位角
DOH	后视(测站到起始点)的距离	AH、BH	后视点的道路坐标值
XZD、YZD	转点的计算坐标值		

4.2.3　操作方法

(1)进入程序。

(2)输入起始点的大地坐标(XS,YS);输入终点的大地坐标(XZ0,YZ0);输入第一条边的长度 B1;输入起始边到终边的顺时针夹角 LJ0;输入第二边的长度 B2;显示距离差 DC,以便衡量测量的精度;DC 为负,说明实测的起讫点的距离比理论值小;正值则反之。

(3)选择是否要平差,需要平差时,选择 PC=1;不需要平差时,选择 NOT=2。显示自由测站和终点的坐标计算值 XP、YP、XZ、YZ。

(4)进行工作项目的选择,如需要接着进行转点的坐标计算,则输入 ZD=1;如要进行支导线计算,则输入＋DX=2;如要进行已知坐标点的极坐标放样,则输入 XYFY=3;如需要进行直线放样计算或转点的里程和垂距计算,则输入 ZXJS=4;如要将测站及后视坐标换算成道路坐标系的坐标,则输入 ABFY=5。

(5)对 ZXJS、ABFY 工作,输入直线的起点坐标(XQ,YQ)及里程 KQ,判断直线的已知条件,如已知直线方位角,选择 FQ=1,并输入直线方位角 FQ;如已知直线上某点的坐标则选择 AXY=2,并输入该点坐标(XA,YA),显示直线终点的计算里程 KEND。

(6)对不同工作的分述如下:

①求测站及终点大地坐标:直接显示测站坐标(XP,YP),终点坐标(XZ,YZ)。

②进行转点坐标计算,ZD=1:输入后视到前视的夹角 LJ、前视距离 D,则显示转点的坐标(XZD,YZD);输入下一组 LJ、D,则显示该组 XZD、YZD……

③在自由测站测量基础上进行支导线计算,＋DX=2:显示后视距离 DOH,以供校核;输入后视到前视的左角 LJ 及测站到下一个导线点的距离 D,即显示下一个导线点的大地坐标($X+$,$Y+$);接着输入下一组 LJ 及 D,即显示下一个导线点的坐标($X+$,$Y+$),直到导线点的坐标全部求出。

④在自由测站测量的基础上进行已知坐标点的极坐标放样计算,＋XYFY=3:显示后视距离 DOH,以供校核;输入放样点的坐标(X,Y),即显示前视距离 D 和后视到前视的顺时针夹角 JJ;接着输入另一组(X,Y),即显示新一组的 D 和 JJ。

⑤在自由测站测量的基础上进行直线放样或转点的里程、垂距计算,则选择 ZXJS=4:如进行直线放样,则根据提示,输入点的里程 K 及其离路中的垂距 B,即显示前视距

离 D、前后视夹角 JJ，输入下一组 K、B，即显示该组 D、JJ，直到计算完毕；如果要进行转点的里程和垂距计算，则根据提示，输入观测角（后视到转点的顺时针角）LJ、前视观测距离 D，即显示该转点的直线里程及其垂距 KZD、BZD，输入下一组计算数据，即显示该组计算值，直至计算完毕。

⑥经自由测站测量后，将测站和后视点坐标换算成道路坐标，＋ABFY＝5；输入相关数据后，即显示测站在道路坐标系中坐标值 AO、BO，在道路坐标系中的后视方位角 FA；并显示后视点的道路坐标值 AH、BH，以便校核。

4.3 例 题

例 4.1 BJB(PC)

S、Z 为两个控制点（其坐标如图 4.2 所示），设站 P 点（坐标未知），观测边长 B1＝120m；左角 LJ0＝220°；边长 B2＝185m，试计算 S、Z 两点之间的实测距离与理论距离之差 DC，并计算经过平差的 P 点的坐标，框内为计算结果。

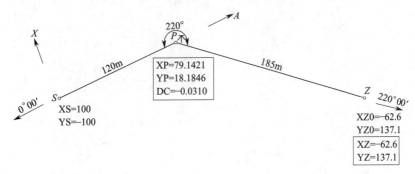

图 4.2 例 4.1 图

例 4.2 BJB(NOT)

S、Z 为两个控制点（其坐标如图 4.3 所示），设站 P 点（坐标未知），观测边长 B1＝120m；左角 LJ0＝220°；边长 B2＝185m，试计算 S、Z 两点之间的实测距离与理论距离之差 DC，并计算未经平差的 P 点的坐标，框内为计算结果。

例 4.3 BJB(PC＋ZD)

S、Z 为两个控制点（其坐标如图 4.4 所示），设站 P 点（坐标未知），观测边长 B1＝120m；左角 LJ0＝220°；边长 B2＝185m，试计算 S、Z 两点之间的实测距离与理论距离之差 DC，并计算经过平差的 P 点的坐标，框内为计算结果。紧接着，以 P、S 作为控制点，进行转点 A、B、C 的观测，其角度读数和距离读数如图 4.4 所示，计算转点 A、B、C 的坐标于框内。

例 4.4 BJB(PC＋ZDX)

S、Z 为两个控制点（其坐标如图 4.5 所示），设站 P 点（坐标未知），观测边长 B1＝

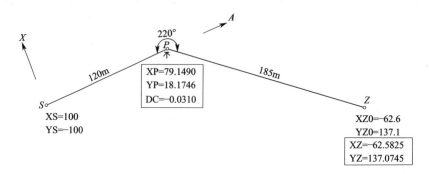

图 4.3 例 4.2 图

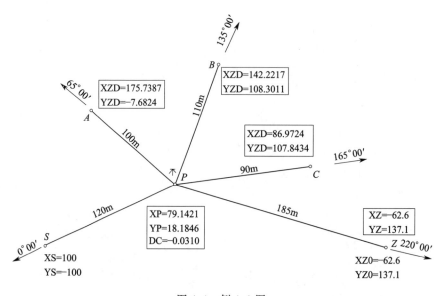

图 4.4 例 4.3 图

120m;左角 LJ0＝220°;边长 B2＝185m,试计算 S、Z 两点之间的实测距离与理论距离之差 DC,并计算经过平差的 P 点的坐标,框内为计算结果。紧接着,以 P、S 作为控制点,敷设支导线 P、B、C、D、E,观测的导线边长和夹角如图 4.5 所示,计算各导线点的坐标于框内。

例 4.5 BJB(NOT＋ZDX)

试复查顶管轴线 Z、S、E 三点是否一线(Z 为顶的后座,S 为顶进点,E 为预定的顶出点),因为是直线顶管,所以可假设 S 点的坐标 XS＝0,YS＝0;Z 点的坐标 XZ＝－1000,YZ＝0.00;设站 A 点,进行后方边角交会测量,测得 B1＝50m,LJ＝349°00′;B2＝46.5m;计算出 DC＝－990.1165m,计算出未经平差的 A 点坐标 XA＝－22.0283,YA＝44.8860;XZ＝－9.8835m(即后座到顶进点的实际距离),YZ＝0;敷设支导线 A、B、C、D、E;观测边长及夹角记录如图 4.6 所示;计算各导线点的坐标于框内;结果可知顶程全长 XE＝208.994 5m;*E* 点偏离直线 ZS 的值为 YE＝＋0.082 9m,说明 *E* 点在轴线之右;即实际顶出点将在预定点 *E* 之左。

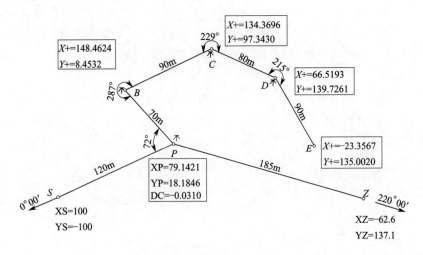

图 4.5　例 4.4 图

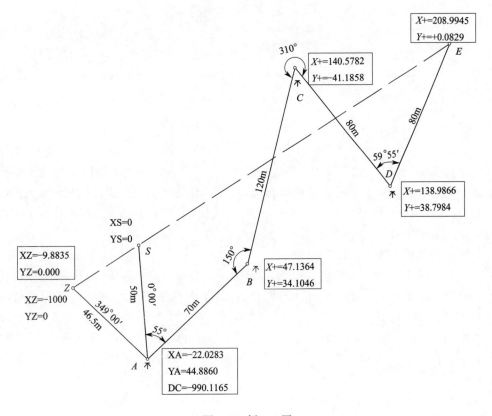

图 4.6　例 4.5 图

例 4.6 BJB(PC+XYFY)

S、Z 为两个控制点(其坐标如图 4.7 所示),设站 P 点(坐标未知),观测边长 B1＝120m;左角 LJ0＝220°;边长 B2＝185m,试计算 S、Z 两点之间的实测距离与理论距离之差 DC,并计算经过平差的 P 点的坐标,框内为计算结果。紧接着,以 P、S 点为控制点,进行点(已知坐标值)极坐标放样计算,计算结果标于框内。

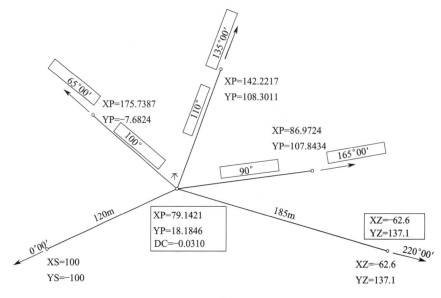

图 4.7 例 4.6 图

例 4.7 BJB(PC+ZXFY)

S、Z 为两个控制点(其坐标如图 4.8 所示),设站 P 点(坐标未知),观测边长 B1＝120m;左角 LJ0＝220°;边长 B2＝185m,试计算 S、Z 两点之间的实测距离与理论距离之差 DC,并计算经过平差的 P 点的坐标,框内为计算结果。紧接着,以 P、S 点为控制点,进行直线相关点的极坐标放样计算,直线的起点坐标、方向(已知方位角或线上某点的坐标)、里程如图 4.8 所示,计算结果标于框内。

例 4.8 BJB(PC+ZXZDKB)

S、Z 为两个控制点(其坐标如图 4.9 所示),设站 P 点(坐标未知),观测边长 B1＝120m;左角 LJ0＝220°;边长 B2＝185m,试计算 S、Z 两点之间的实测距离与理论距离之差 DC,并计算经过平差的 P 点的坐标,框内为计算结果。紧接着,以 P、S 点为控制点,进行转点测量,计算该转点对于某直线的相应里程 K 及其垂距 B,直线的起点坐标、方向(已知方位角或线上某点的坐标)、里程如图 4.9 所示,计算结果标于框内。

例 4.9 BJB(PC+ZXAOBO)

S、Z 为两个控制点(其坐标如图 4.10 所示),设站 P 点(坐标未知),观测边长

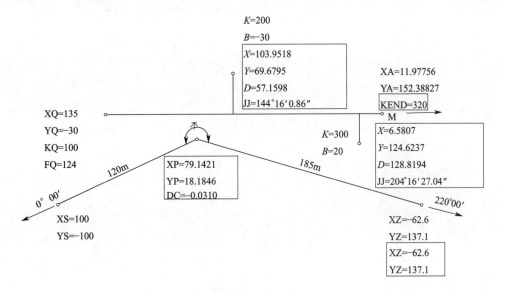

图 4.8　例 4.7 图

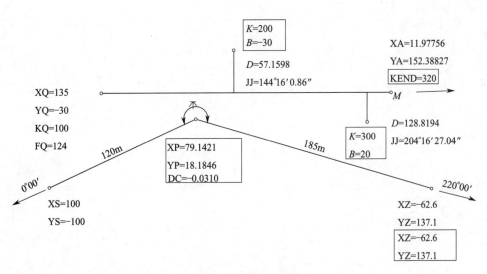

图 4.9　例 4.8 图

B1＝120m；左角 LJ0＝220°；边长 B2＝185m，试计算 S、Z 两点之间的实测距离与理论距离之差 DC，并计算经过平差的 P 点的坐标，框内为计算结果。计算 P 点、S 点在直线坐标系（AB 坐标系）里的坐标值 AO、BO、AH、BH 及 AB 坐标系的后视方位角 FA；直线的起点坐标、方向（已知方位角或线上某点的坐标）、里程如图 4.10 所示，计算结果标于框内，然后可将 AO、BO、FA 输入全站仪后直接进行直线的相关放样。

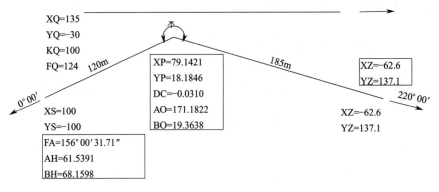

图 4.10　例 4.9 图

5 附合导线、无定向导线和自由测站

路桥、市政控制测量常用的方法是导线和大地四边形等,传统的导线有附合导线和闭合导线等。随着光电测距仪和 GPS 定位仪的应用,附合导线、闭合导线和大地四边形等已经很少使用了,但无定向导线却使用得比较多。本程序介绍附合导线、无定向导线和自由测站。

如图 5.1 所示为无定向导线,设 S、Z 点坐标已知,观测边长、夹角,用程序计算各导线点的坐标。

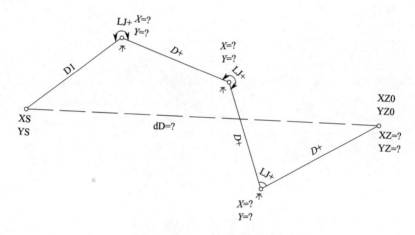

图 5.1　无定向导线

如图 5.2 所示为附合导线,起讫点(S、Z)坐标已知,起始边和终边的方位角(FS 和

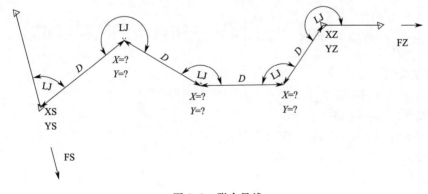

图 5.2　附合导线

FZ)也已知(已知数据取自高等级控制点),观测导线左角和边长,用程序计算各导线点的坐标(经近似平差)。

在一个建筑区域内,如厂区、居民小区、大桥等,测绘单位会提供若干个坐标控制点,以供施工单位定位放样。这些控制点往往有一定误差,施工人员根据不同的控制点进行放样时,测设点的位置也会有误差。为此,需要对控制点用自由测站的方法进行坐标调整,其方法是在区域内设自由测站,观测各点的角度读数和距离读数,然后用本程序计算各控制点的坐标调整值。自由测站如图 5.3 所示,各控制点坐标已知,自由置镜 P 点,观测角读数和边长读数,计算平差后的 P 点坐标(XP,YP),并计算各控制点改正后的坐标(XG,YG)。

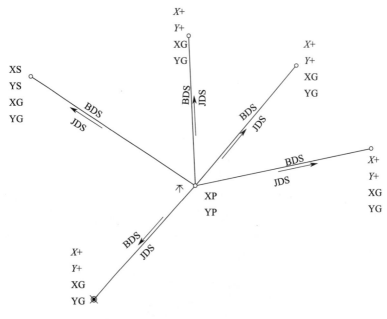

图 5.3 自由测站

5.1 附合导线、无定向导线和自由测站程序正文

DX Z-YCZ

ClrStat:"FHDX=1,WDXDX=2,ZYCZ=3"?Q:

If Q=1:Then Goto1:IfEnd↵

If Q=2:Then Goto2:IfEnd↵

If Q=3:Then Goto3:IfEnd↵

Lbl1:

0→N:"XS"?A:"YS"?B:"FS"?C:A→X:B→Y:C→F:

"XZ"?E: "YZ"?G: "FZ"?H: "DS"?M: M→W: 0→S:

For 1→N To W↲

"LJ"?L: ?D:

L→ListX[N]: D→ListY[N]:

Next↲

"LJ+"?K: M→W:

For 1→N To W↲

F+ ListX[N]→F:

Next↲

F-180(1+M)+K-H→Z[1]: "JC=":Z[1]▸DMS◢

Z[1]÷(1+M)→Z[2]: M→W: C→F:

For 1→N To W↲

S+ListY[N]→S: F-180+ListX[N]-Z[2]→F:

X+ListY[N]cos(F)→X: Y+ListY[N]sin(F)→Y:

X→ListX[M+N]: Y→ListY[M+N]: S→ListFreq[M+N]:

Next↲

S→O: X-E→Z[3]: Y-G→Z[4]:

"XC=":Z[3]◢ "YC=":Z[4]◢ M→W: 0→N:

Lbl0:

N+1→N:

ListX[M+N]-ListFreq[M+N]Z[3]÷O→X:

ListY[M+N]-ListFreq[M+N]Z[4]÷O→Y:

"XN=":X◢ "YN=":Y◢

X→ListX[2M+N]: Y→ListY[2M+N]:

DszW: Goto0↲ Stop↲

Lbl2:

"XS"?O: "YS"?U: "XZ0"?W: "YZ0"?Z:

Pol(W-O,Z-U)→C: J→E:

0→F: "D1"?S: S→A: 0→B:

A→ListX[1]: B→ListY[1]: S→ListFreq[1]:

"DS"?M↲

For 2→N To M:

?L: ?D: L-180+F→F:

Dcos(F)+A→A:

Dsin(F)+B→B:

S+D→S:

A→ListX[N]: B→ListY[N]: S→ListFreq[N]:

Next↲

Pol(ListX[M], ListY[M])→G: J→H:

E-H→V: G-C→K: "DC=":K▲

"PC=1,NOT=2"? T :

If T=1: Then Goto A: Else GotoB: IfEnd↲

LblA:

Kcos(E)→P: Ksin(E)→R:

For 1→N To M:

O+ListX[N]cos(V)-ListY[N]sin(V)-PListFreq[N]÷ListFreq[M]→X:

U+ListX[N]sin(V)+ListY[N]cos(V)-RListFreq [N]÷ListFreq[M]→Y:

"X=":X▲ "Y=":Y▲

X→ListX[M+N]: Y→ListY[M+N]: M+N→ListFreq[M+N]:

Next: Stop↲

LblB:

For 1→N To M:

O+ListX[N]cos(V)-ListY[N]sin(V)→X:

U+ListX[N] sin(V)+ListY[N]cos(V)→Y:

"X=":X▲ "Y=":Y▲

X→ListX[M+N]: Y→ListY[M+N]: M+N→ListFreq[M+N]:

Next: Stop↲

Lbl3:

"DS"?M: "XS"?A: "YS"?B:

0→X: 0→Y: A→W: B→Z:

"JDS"?O: O→U: "BDS"?P: P→C:

U→ListX[1]: C→ListY[1]↲

For 2→N To M:

"X+"?T: "Y+"?H: "JDS+"?E: "BDS+"?G:

E→ListX[N]: G→ListY[N]:

Pol(T-W,H-Z)→Z[1]: J→Z[2]:

E-180-U→V: C+Gcos(V)→Z[31]:

Gsin(V)→Z[32]:

Pol(Z[31],Z[32])→Z[4]: J→Z[5]:

Z[4]-Z[1]→Z[6]:

"DC=":Z[6]◢

Z[6]cos(Z[2])→Z[9]:

Z[6]sin(Z[2])→Z[11]:

Z[2]-Z[5]→Z[8]:

X+W+Ccos(Z[8])-CZ[9]÷(C+G)→X:

Y+Z+Csin(Z[8])-CZ[11]÷(C+G)→Y:

T→W：H→Z：E→U：G→C:

Next」

Pol(A-W,B-Z)→Z[1]：J→Z[2]:

O-180-U→V：C+Pcos(V)→Z[31]：Psin(V)→Z[32]:

Pol(Z[31],Z[32])→Z[4]：J→Z[5]:

Z[4]-Z[1]→Z[6]："DC=":Z[6]◢

Z[6]cos(Z[2])→Z[9]:

Z[6]sin(Z[2])→Z[11]：Z[2]-Z[5]→Z[8]:

X+W+Ccos(Z[8])-CZ[9]÷(C+P)→X:

Y+Z+Csin(Z[8])-CZ[11]÷(C+P)→Y:

X÷M→Z[33]：Y÷M→Z[34]:

"XP=":Z[33]◢ "YP=":Z[34]◢

Pol(A-Z[33],B-Z[34])：J→Z[35]」

For 1→N To M：

Z[35]+ListX[N]-O→S:

Z[33]+ListY[N]cos(S)→Z[11]:

Z[34]+ListY[N]sin(S)→Z[12]:

"XG=":Z[11]◢ "YG =":Z[12]◢

Z[11]→ListX[M+N]：Z[12]→ListY[M+N]：Next：Stop」

5.2　DX ZYCZ(导线和自由测站)程序的使用说明

5.2.1　该程序功能

(1)本程序由附合导线、无定向导线和自由测站三个程序合并而成。

(2)在已知附合导线起讫点坐标和起始边、终边方位角时,计算附合导线点的坐标。

(3)在已知无定向导线起讫点坐标的条件下进行导线点(导线加密点)的坐标计算。

(4)计算自由设站的坐标;计算各后视控制点改正后的坐标。

5.2.2　各符号的含义(表5.1～表5.3)

(1)在附合导线程序中,各符号的含义见表5.1。

表 5.1　附合导线程序中各符号的含义

符　号	符号的含义	符　号	符号的含义
XS、YS、XZ、YZ	导线起迄点的控制坐标	D	边长
FS、FZ	起始边和终边的方位角(这些数据取自高等级控制点)	JC	角度闭合差
"DS"?M	计算点的数量(含导线终点,不含导线起点,即 M 为测边数,比测角数少1)	XC、YC	X、Y 坐标的闭合差
LJ	导线左角	XN、YN	各导线点的坐标计算值
LJ+	最后一个导线左角		

(2)在无定向导线程序中,各符号的含义见表5.2。

表 5.2　无定向导线程序中各符号的含义

符　号	符号的含义	符　号	符号的含义
XS、YS	导线起点的大地坐标值	D	导线下一条边长
XZ0、YZ0	导线终点的已知大地坐标值	DC	导线起迄点之间的实测距离与理论距离的差
D1	导线起始边(导线起点到第一个加密点)的长度	PC	要平差
"DS"?M	计算点的数量(含导线终点,不含导线起点,即测边数,比测角数多1)	NOT	不要平差
L	导线左夹角	X、Y	导线点的计算坐标

(3)在自由测站程序中,各符号的含义见表5.3。

表 5.3　自由测站程序中各符号的含义

符　号	符号的含义	符　号	符号的含义
DS	提供控制点的个数	JDS+	下一个方向的角度读数
XS、YS	起始方向(施测者自由选定的从测站到第一个控制点方向)点的坐标	BDS+	下一个方向的边长读数
JDS	角度读数	DC	两个相邻控制点之间实测距离与理论距离的差
BDS	边长读数	XP、YP	平差后自由测站的坐标值
X+、Y+	下一个控制点的坐标值	XG、YG	调整后各控制点的坐标值,从 S 点开始依次显示

5.2.3 操作方法

(1)进入程序。

(2)选择工作内容:如要计算附合导线,则选择 FHDX＝1;如要计算无定向导线,则选择 WDXDX＝2,如要进行自由测站计算,则选择 ZYCZ＝3。

(3)对附合导线:

①输入导线起讫点坐标及起讫边方位角 XS、YS、FS、XZ、YZ、FZ;

②输入需要计算的导线点的点数(不含 S 点,含 Z 点);

③根据提示依次输入导线左角 LJ、D;(LJ＋为最后一个左角);

④依次显示角度闭合差 JC、XY 坐标闭合差 XC、YC;根据规范或要求,衡量测量成果的可用性,因要求不同,计算器未作设定;

⑤依次显示各导线点的坐标计算值 XN、YN。

(4)对无定向导线:

①输入起点坐标(XS,YS);终点坐标(XZ0,YZ0);

②输入第一条边长 D1(导线起点到第一个加密点的长度);

③输入需要计算点的数量 DS(含导线终点,例如需要加密 6 点,则 $M=6+1=7$);

④依次输入导线左角 L(上一条边顺时针转向下一条边的夹角)、下一条边长 D;(如加密 6 点,则依次输入 6 组数字);

⑤显示导线起讫点之间的实测距离与理论距离的差值 DC,以便判断导线的测量精度。如 DC 为负值,则表示实测距离比理论距离小,反之为大;

⑥选择是否需要进行近似平差,如需要平差,则选 PC＝1;如不需要平差,则选NOT＝2;

⑦依次显示各导线点和导线终点的计算坐标值 X、Y。

(5)对自由测站,则输入测绘单位提供的控制点的数目(DS);输入起始控制点的坐标(XS,YS);输入起始方向的角度读数 JDS;边长读数 BDS。根据提示依次输入下面各控制点的坐标及各边的角读数、边长读数:$X+$、$Y+$、JDS＋、BDS＋。依次显示两相邻控制点之间的实测距离与理论距离的差 DC;显示设站点的平差坐标(XP,YP);依次显示各控制点的调整后的坐标(XG,YG),如需要,还可翻阅 XG、YG 的记录。对于误差(DC)过大的点,应予删除后进行计算,即该点因误差太大而不参加计算;如前后两个 DC 都很大,则该点应删除。

5.3　例　　题

例 5.1　FHDX

S、A、B、C、D、E、Z 为附合导线,如图 5.4 所示,已知 XS＝100,YS＝－100,FS＝

100°;XZ＝896.80,YZ＝1121.18,FZ＝110°,观测的导线左角及导线边长如图 5.4 所示,试计算该附合导线的角度闭合差 JC、X 坐标闭合差 XC、Y 坐标闭合差 YC,并计算导线点 A、B、C、D、E、Z 经过近似平差之后的坐标值。

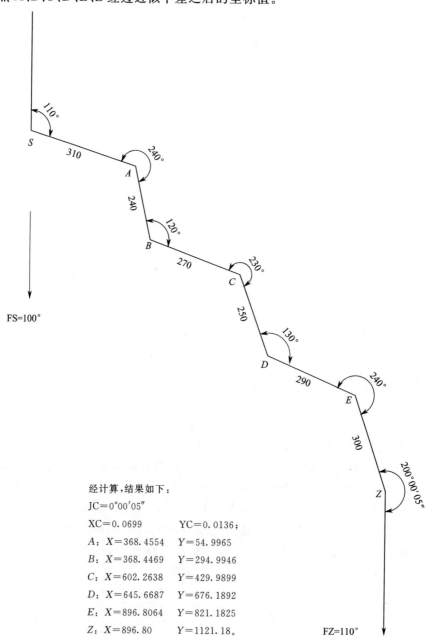

经计算,结果如下：

JC＝0°00′05″

XC＝0.0699   YC＝0.0136；

A：X＝368.4554 Y＝54.9965

B：X＝368.4469 Y＝294.9946

C：X＝602.2638 Y＝429.9899

D：X＝645.6687 Y＝676.1892

E：X＝896.8064 Y＝821.1825

Z：X＝896.80 Y＝1121.18。

图 5.4　例 5.1 图

例 5.2 WDXDX(PC)

S、Z 为两已知坐标的控制点,如图 5.5 所示,因为工程需要,需敷设 S、A、B、C、Z 无定向导线,依次设站 A、B、C,观测各导线边长及各相邻边之间的左角,试计算 S、Z 两点之间实测距离与理论距离的差 dD,并计算各导线点平差后的坐标值,标于框内。

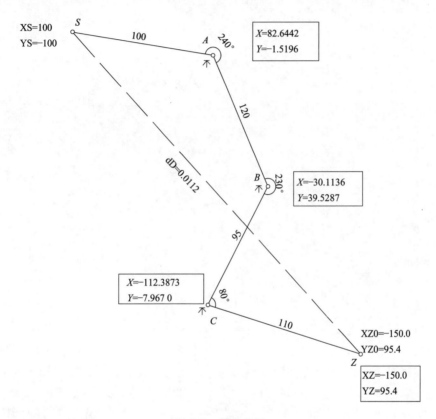

图 5.5 例 5.2 图

例 5.3 WDXDX(NOT)

S、Z 为两已知坐标的控制点,如图 5.6 所示,因为工程需要,需敷设 S、A、B、C、Z 无定向导线,依次设站 A、B、C,观测各导线边长及各相邻边之间的左角,试计算 S、Z 两点之间实测距离与理论距离的差 dD,并计算各导线点未经平差的坐标值,标于框内。

例 5.4 WDXDX(NOT)

某顶管工程如图 5.7 所示,S 为顶管的起始点,Z 为顶管的终点,S 点与 Z 点已经施工完毕,确定不变。试给后座点 HZ 定位,设起顶点至后座的距离为 10m;由于 S 点与 Z 点互不通视,所以需敷设无定向导线 S、A、B、C、Z,由于是直线顶管,可建立以 SZ

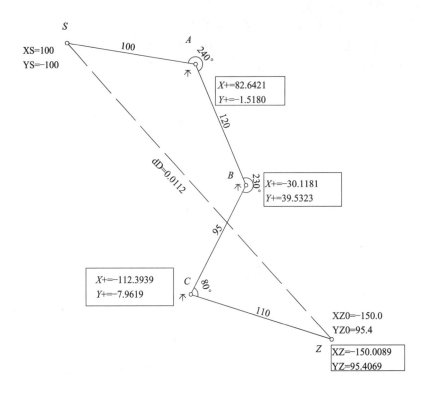

图 5.6 例 5.3 图

为 X 轴的坐标系。假设 XS=0.00,YS=0.00,XZ=100.00,YZ=0.00,则后座点的坐标为 XHZ=−10.00,YHZ=0.00。依次设站 A、B、C,观测各导线边长及各相邻边之间的左角,试计算 S、Z 两点之间实测距离与理论距离的差 dD;并计算各导线点未经平差的坐标值,标于框内。XZ=317.3142m 为实际顶程;然后设站 A 点,后视 S 点(或其他坐标点),进行后座点的极坐标放样计算。计算结果:A 点到后座的距离为 107.6404m,前后视的顺时针夹角为 $3°33'48.64''$。

例 5.5 ZYCZ

某施工现场提供了 A、B、C、D、E 五个 GPS 控制点,其给定的坐标值如图 5.8 所示。如使用不同的控制点作为依据进行放样,则测设点位会有一定的误差,为了减少误差,需要给各控制点的坐标值进行修正,以求尽量消除误差。其方法是设站 P 点,观测各点的角度读数和距离读数,根据提示输入相关数据后,显示各次 BJB 计算的距离差 dD 如框内值;显示平差之后的 P 点坐标值如框内值;显示各点改正后的坐标值 XG、YG 于框内。

例 5.6 ZYCZ

当两个控制点时的坐标改正(图 5.9,叙述略)。

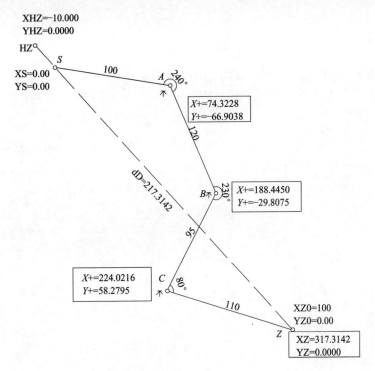

图 5.7 例 5.4 图

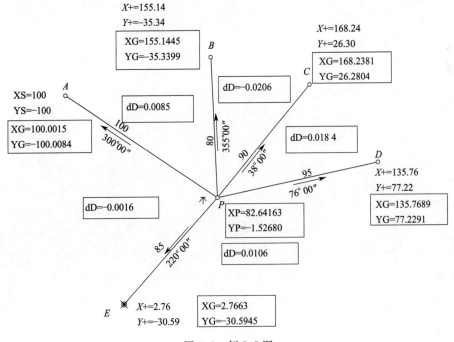

图 5.8 例 5.5 图

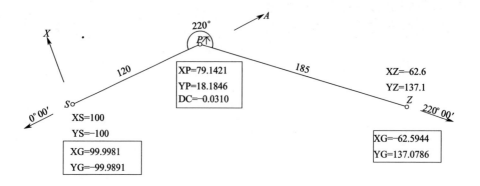

图 5.9　例 5.6 图

6 距离夹角与坐标的关系

本程序可以计算两点之间距离、方位角，由两个坐标点出发计算转点坐标、支导线坐标、极坐标放样数据；还可计算导线的边长、边的方位角和边之间的夹角等。

6.1 距离夹角与坐标的关系程序正文

DJJXY JS

ClrStat：0→Z[10]：

"DF=1,ZD=2,ZDX=3,XYFY=4,DXDJJ=5"?Q：

If Q=5：Then Goto5：Else Goto0：IfEnd↵

Lbl0：

Prog"K"：O→Z[41]：U→Z[42]：

If Q=1：Then Goto1：IfEnd↵

If Q=2：Then Goto2：IfEnd↵

If Q=3：Then Goto3：IfEnd↵

If Q=4：Then Goto4：IfEnd↵

Lbl1：

If Z[7]<0：Then Z[7]+360→Z[7]：IfEnd：

"FOH="：Z[7]▶DMS◢ Goto0↵

Lbl2：

Z[10]+1→Z[10]："LJ"?L：?D：L+Z[7]→F：

O+Dcos(F)→X：

U+D sin(F)→Y："XP="：X◢ "YP="：Y◢

X→ListX[Z[10]]：Y→ListY[Z[10]]：Goto2↵

Lbl3：

"DS"?N：Z[7]+180→F：O→X：U→Y：GotoA↵

LblA：

Z[10]+1→Z[10]："LJ"?L：?D：

L-180+F→F：X+Dcos(F)→X：Y+D sin(F)→Y：

"X+="：X◢ "Y+="：Y◢

X→ListX[Z[10]]：Y→ListY[Z[10]]：Dsz N：GotoA↵

(X-Z[41])cos(Z[7])+(Y-Z[42])sin(Z[7])→K：

-(X-Z[41])sin(Z[7])+(Y-Z[42])cos(Z[7])→B：

"KZ=":K◢ "BZ=":B◢ Goto3↵

Lbl4：

Z[10]+1→Z[10]："XP"?X："YP"?Y：

Prog"D"："DOH=":I◢ "JJ=":Z[24]▸DMS◢

I→ListX[Z[10]]：Z[24]→ListY[Z[10]]：Goto4↵

Lbl5：

"X-"?W："Y-"?Z："X0"?O："Y0"?U：

Pol(O-W,U-Z)→Z[1]：J→Z[2]：Z[2]→G：

If G<0：Then G+360→G：IfEnd：

"D-=":Z[1]◢ "F-=":G▸DMS◢ GotoB↵

LblB：

Z[10]+1→Z[10]：

Pol(O-W,U-Z)→Z[1]：J→Z[2]：

"X+"?X："Y+"?Y：

Pol(X-O,Y-U)→Z[3]：J→Z[4]：Z[4]→M：

If M<0：Then M+360→M：IfEnd：

0.5(G+M)→Z[5]：Z[4]-Z[2]-180→Z[24]：

If Z[24]<0：Then Z[24]+360→Z[24]：IfEnd：

"FP=":Z[5]▸DMS◢ "JJ=":Z[24]▸ DMS◢

"D+=":Z[3]◢ "F+=":M▸DMS◢

Z[3]→ListX[Z[10]]：

Z[24]→ListY[Z[10]]：

Z[5]→ListFreq[Z[10]]：

M→G：O→W：U→Z：X→O：Y→U：GotoB↵

6.2 DJJXY JS（距离夹角与坐标之间换算）程序的使用说明

6.2.1 该程序功能

(1)计算两点（已知坐标值）之间的长度和方位角。

(2)由两点（已知坐标值）出发，进行转点测量，计算转点的坐标。

(3)由两点（已知坐标值）出发，进行支导线测量，计算支导线点的坐标。

(4)由两点（已知坐标值）出发，测设第三点（已知坐标），计算极坐标放样数据。

(5)计算导线边长、方位角、平均方位角和夹角。

6.2.2 各种符号的含义(表 6.1)

表 6.1 各种符号的含义

符 号	符号的含义	符 号	符号的含义
DF=1	需要计算已知坐标点之间的距离和方位角	D	观测(或计算)距离
ZD=2	需要计算转(支)点的坐标	XP、YP	放样(或计算)点的坐标
ZDX=3	需要进行支导线计算	X-、Y-	前一导线点的坐标
XYFY=4	需要进行极坐标放样计算	X+、Y+	导线或支导线下一个导线点的计算(或已知)坐标
DXDJJ=5	需要进行导线的边长、方位角、平均方位角和夹角计算	KZ、BZ	支导线最后一点离起点(XO,YO)的距离及其偏离初始方向的距离
XO、YO	测站(起始点)坐标	DOP	O 点到 P 点的计算距离(即前视距离)
XH、YH	后视点的坐标	JJ	夹角的计算值
FH	已知后视方位角的条件或后视方位角的数值	D-	前一条导线边的边长
DOH	测站到后视点(或起点到终点)的距离	F-	上一条导线(前进方向)的方位角
FOH	后视(或起点到终点)的方位角	F+	下一条导线的方位角
DS	支导线的点数	FP	相临导线的平均方位角
LJ	观测左角	D+	下一条导线的边长

6.2.3 操作方法

(1)进入程序。

(2)选择工作内容,如要计算直线段的长度和方位角,则选择 DF=1;如要计算转点的坐标,则选择 ZD=2;如要计算支导线,则选择 ZDX=3;如要计算极坐标放样数据,则选择XYFY=4;如要计算导线的边长与夹角,则选择 DXDJJ=5。

(3)除计算导线的边长与夹角(DXDJJ=5)外,输入设站点坐标(XO,YO),选择后视条件,如已知后视方位角,则选择 FH=2,并输入后视方位角 FH;如已知后视控制点的坐标,则选择 XYH=1,并输入后视点坐标(XH,YH)(显示后视距离 DOH,以供校核)。

(4)各工作的分述如下:

①计算直线段的长度与方位角(DF=1):输入起点的坐标(XO,YO)、终点坐标(XH,YH),即显示该直线段的长度 DOH 及其方位角 FOH。

②计算转点坐标(ZD=2):输入测站及后视数据;输入前、后视夹角 LJ 和前视距离 D,则显示转点的坐标值 XP,YP;接着输入另一组数据,显示另一组 XP、YP,依次类推。

③计算支导线(ZDX=3):输入测站及后视数据;输入观测导线左角 LJ 及下一条导

线边长 D，即显示下一个导线点的坐标值 $X+$、$Y+$；输入另一组 LJ、D，则显示再下一个导线点的数据，依次类推，直到导线计算完毕。

④极坐标放样计算（XYFY＝4）：输入测站及后视数据；输入放样点的坐标（XP，YP）即显示放样数据 D、JJ；接着计算下一点的数据，直到计算完毕。

⑤计算导线（或管线）的边长、方位角、两条边的平均方位角和两条边之间的夹角（DXDJJ＝5）：输入上一个导线点的坐标（$X-$，$Y-$），输入计算点的坐标（XO，YO）；则显示第一条边边长 $D-$ 及其前进方向方位角 $F-$；输入下一导线点的坐标（$X+$，$Y+$），则显示下一条边的方位角 $F+$、相邻边的平均方位角 FP、下一条边长 $D+$、两边的夹角 JJ；接着输入再下一点的坐标，依次类推，直至计算完毕。

6.3　例　　题

例 6.1　DJJXY（DF）

如图 6.1 所示已知 O 点坐标 XO＝100，YO＝－100；H 点的坐标 XH＝－100，YH＝200，试计算 O 点到 H 点的距离 DOH 及其方位角 FOH，标于框内。

图 6.1　例 6.1 图（一）

如图 6.2 所示，已知 O 点坐标 XO＝－100，YO＝200；H 点的坐标 XH＝100，YH＝－100；试计算 O 点到 H 点的距离 DOH 及其方位角 FOH，标于框内。

图 6.2　例 6.2 图（二）

例 6.2　DJJXY（ZD）

设站 XO＝100，YO＝－100，以 $0°00'$ 后视 XH＝6，YH＝－130，接着进行转点 P 的观测，其角度读数 LJ 及距离 D 读数记录如图 6.3 所示，试计算各 P 点的坐标（XP，YP），标于框内。

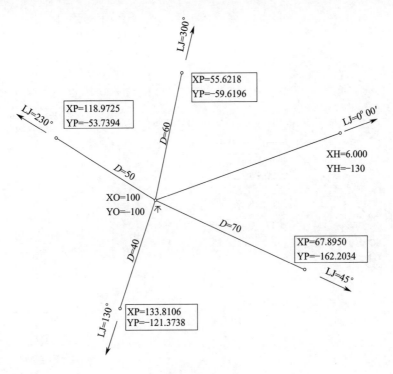

图 6.3 例 6.2图

例 6.3 DJJXY(ZDX)

设站 XO＝100,YO＝－100,以 0°00′后视 XH＝35,YH＝－25,接着以 OH 为起始边,进行支导线 HOABCD 的观测,其观测的导线边夹角 LJ 及距离 D 读数记录如图 6.4 所示,试计算各导线点的坐标(X＋,Y＋),标于框内。

例 6.4 DJJXY(ZDX)

OHD 为某顶管路线,O 为工作井内的设站点,其坐标为 XO＝100,YO＝－100;H 点为顶进的方向点,其坐标为 XH＝88.72367,YH＝－104.10424;D 点为预定的接收井的进洞点(坐标待定),试复查 OHD 是否在一直线上?顶程(OD 在 OH 轴上的投影距离)多少?误差多少?由于障碍,需敷设支导线,观测数据如图 6.5 所示,计算结果如下:顶程 K＝389.3288,D 点在预定轴线之左 0.0310m,也就是说,实际进洞点将在预定点之右。在实际复查中,可不用大地坐标,复查者可建立用户坐标(以 O 为原点,OH 为 X 轴)。

例 6.5 DJJXY(XYFY)

设站 XO＝100,YO＝－100,以 0°00′后视 XH＝6,YH＝－130,接着以 OH 为起始边,进行极坐标放样计算(各放样点 P 的坐标如图 6.6 所示),将计算的前视距离 D 及前后视夹角 JJ 标于框内。

例 6.6 DJJXY(DXDJJ)

ABCDE 为某顶管工程,其坐标如图 6.7 所示(方框外),需计算各管段长度、方位

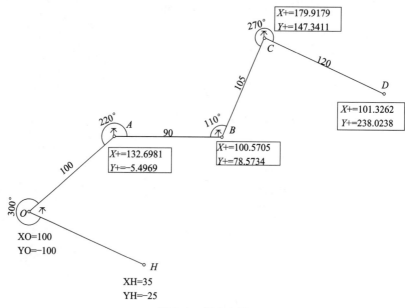

图 6.4　例 6.3 图

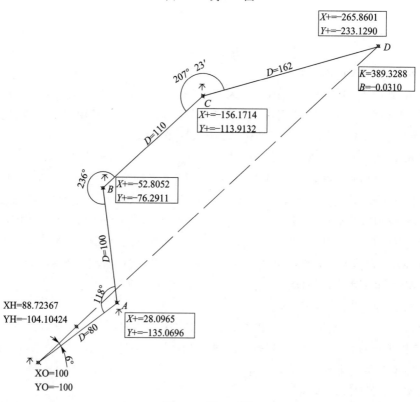

图 6.5　例 6.4 图

角及相邻管节之间的夹角、平均方位角,方框内为计算结果。

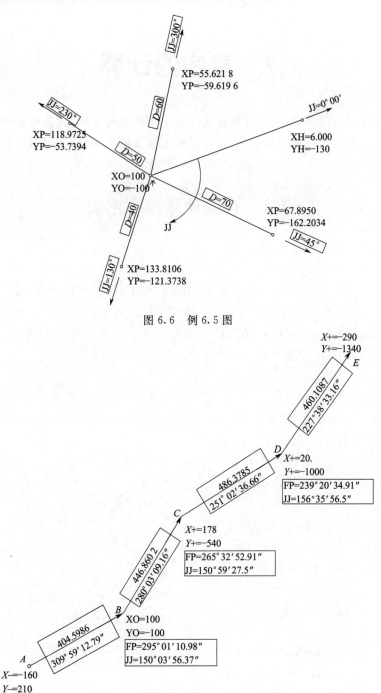

图 6.6　例 6.5 图

图 6.7　例 6.6 图

7 直线的计算

这里所说的直线计算，是指计算直线道路上相关点的坐标、极坐标放样数据、已知坐标点或转点的直线里程及其垂距、进行大地坐标与道路坐标（或建筑坐标）的互相换算等。

7.1 直线计算程序正文

ZXKB JS

ClrStat：0→Z[10]：

"?XY=1,FY=2,PDK(A)B=3,ZDKB=4,ABFY=5,XJKB=6"?Q：

If Q=2 Or Q=4：Then Prog"k"：IfEnd：

If Q=5：Then Prog"k"：IfEnd：

If Q=6：Then "XJJ"?V：Goto6：IfEnd：

"XQ"?C："YQ"?E："K(A)Q"?H：

"FQ=1,MDXY=2"?M：

If M=1：Then "FQ"?G：

Else "XMD"?T："YMD"?L：

Pol(T-C,L-E)→Z[20]：J→G：

"KMD="：Z[20]+H◢ IfEnd：

If Q=1 Or Q=2：Then "XJJ"?V：Goto 0：IfEnd：

If Q=3：Then Goto 3：IfEnd：

If Q=4：Then Goto 4：IfEnd：

If Q=5：Then Goto 5：IfEnd◢

Lbl0：

Z[10]+1→Z[10]：?K：

If V=0：Then ?B：

C+(K-H)cos(G)-Bsin(G)→X：

E+(K-H)sin(G)+Bcos(G)→Y：

Else "XA"?A："XB"?B：

C+(K-H)cos(G)→D：

E+(K-H)sin(G)→F: V+G→Z[8]:
D+Acos(Z[8])-Bsin(Z[8])→X:
F+Asin(Z[8])+ Bcos(Z[8])→Y: IfEnd:
If Q=1: Then Goto1: IfEnd:
If Q=2: Then Goto2: IfEnd↵
Lbl1:
"X=":X▲ "Y=":Y▲ X→ListX[Z[10]]:
Y→ListY[Z[10]]: Goto0↵
Lbl2:
Prog"D": "D=":I▲ "JJ=":Z[24]▶DMS▲ K→ListX[Z[10]]:
I→ListY[Z[10]]: Z[24]→ListFreq[Z[10]]: Goto0↵
Lbl3:
Z[10]+1→Z[10]: "XP"?X: "YP"?Y:
(X-C)cos(G)+(Y-E)sin(G)+H→K:
-(X-C)sin(G)+(Y-E)cos(G)→B:
"K(A)P=":K▲ "BP=":B▲
K→ListX[Z[10]]: B→ListY[Z[10]]:
Z[10]→ListFreq[Z[10]]: Goto3↵
Lbl4:
"LJ"?R: ?D: R+Z[7]→F:
O+Dcos(F)→X: U+Dsin(F)→Y:
(X-C)cos(G)+(Y-E)sin(G)+H→K:
-(X-C)sin(G)+(Y-E)cos(G)→B:
"KZD=":K▲ "BZD=":B▲ Goto4↵
Lbl5:
Z[10]+1→Z[10]:
(O-C)cos(G)+(U-E)sin(G)+H→A:
-(O-C)sin(G)+(U-E)cos(G)→B:
"A0=":A▲ "B0=":B▲
(W-C)cos(G)+(Z-E)sin(G)+H→P:
-(W-C) sin(G)+(Z-E)cos(G)→S: Z[7]-G→Z[2]:
If Z[2] <0: Then Z[2]+360→Z[2]: IfEnd:
"FAH=":Z[2]▶DMS▲ A→ListX[Z[10]]: B→ListY[Z[10]]:
Z[2]→ListFreq[Z[10]]: "AH=":P▲ "BH=":S▲ Goto5↵
Lbl6:

"KZ"?K: ?B: "KB=": K-Btan(V)↙

"XC=": Abs(B)÷cos(V)↙ Goto6↙

7.2 ZXKB JS(直线道路计算)程序的使用说明

7.2.1 该程序的功能

(1)计算直线道路 K 里程,离中线垂距为 B 点的 XY 坐标值或极坐标放样数据。

(2)从道路中线上 KZ 点,引一条斜交直线,计算该直线上相关点的坐标或极坐标放样数据;计算该直线与路边线相交点的里程 KB、斜长 XC。

(3)计算直线外点(已知其 XY 坐标)的相应里程 KP 及其离路中的垂距 BP。

(4)计算转点(ZD)的相应里程 KZD 及其对直线的垂距 BZD。

(5)将测站点和后视点的 XY 坐标换算成 AB(或 KB)坐标,以便全站仪使用测量(或放样)模式。

(6)进行 AB 坐标系和 XY 坐标系的相互换算。

7.2.2 各种符号的含义(表 7.1)

表 7.1 各种符号的含义

符 号	符号的含义	符 号	符号的含义
?XY	需要求 X、Y 的坐标值	XMD、YMD	道路中线上某点的 XY 坐标值
FY	进行直线相关点的极坐标放样计算	KM	直线上 M 点的里程
PDKB	需要求 P 点(已知 XY 坐标)的相应里程 KP 及其至路中心的垂距 BP	XA、XB	斜交直线的 AB 坐标值
ZDKB	需计算转点的里程及其垂距	DOH	后视距离
ABFY	将测站和后视点的 XY 坐标换算成 AB 坐标(即 KB 坐标)来进行测量或放样	D	前视距离
XJBK	需计算斜交直线与路边线交点的里程及斜交线的斜长	JJ	后视到前视的顺时针夹角
XQ、YQ、KQ	道路起点的大地坐标及其里程	XP、YP	P 点 XY 坐标
XJJ	斜交角(指道路垂线顺时针转向斜线的角度)	AO、BO	测站在 AB 坐标系的坐标值
FQ	已知道路中线在 XY 坐标系中的方位角的条件或其数值	FAH	AB 坐标系的后视方位角
MDXY	已知中线上某点在 XY 坐标的条件	AH、BH	后视点在 AB 坐标系中的坐标值

7.2.3 操作方法

(1)进入本程序。

(2)选择工作内容,如要求道路相关点的 XY 坐标,选择?XY=1;如在计算出道路

相关点的 XY 坐标后,进行 XY 坐标系中的极坐标放样计算,则选择 FY=2,并输入测站坐标(XO,YO)。选择后视条件,如已知后视方位角,则选择 FH=2,并输入后视方位角 FH;如已知后视控制点的坐标,则选择 XYH=1,并输入后视点坐标(XH,YH)(显示后视距离 DOH,以供校核);如要求 P 点(已知 XY 坐标)的相应里程 KP 及其离路中的垂距 BP,则选择 PDKB=3;如需计算转点的里程和垂距则选择 ZDKB=4,并输入测站坐标(XO,YO)。选择后视条件,如已知后视方位角,则选择 FH=2,并输入后视方位角 FH;如已知后视控制点的坐标,则选择 XYH=1,并输入后视点坐标(XH,YH)(显示后视距离 DOH,以供校核);如要将测站和后视点的 XY 坐标换算成 AB 坐标,然后在 AB 坐标系中进行测量、放样,则选择 ABFY=5;如需计算斜交直线与路边线交点的里程和斜交线段长度,则选 XJBK=6。

(3)输入道路起点坐标(XQ,YQ)及其里程 KQ;判断道路方向的已知条件;如已知道路方位角,则选择(1)FQ,并输入方位角 FQ;如已知路中线上某点的 XY 坐标,则选择(2)MDXY,并输入其坐标(XMD,YMD)。

(4)在?XY、FY 和 XJBK 的工作中,须输入斜交的角度 XJJ;如为正交,则输入 0。

(5)各项工作分述如下:

①求道路相关点的 XY 坐标?XY=1:输入道路起讫点的相关数据 XQ、YQ、FQ 或 XMD、YMD,输入里程 K、斜交角度 XJJ(如正交则输入 0),如斜交角为 0,则输入垂距 B,即显示点的坐标(X,Y);如斜交角不为 0,则输入斜交直线的 AB 坐标值 XA、XB,即显示点的坐标(X,Y)。

②在放样工作中 FY=2:输入测站、后视数据、道路相关数据 XQ、YQ、FQ 或 XMD、YMD,输入里程 K,斜交角度 XJJ 及斜坐标值 XA 和 XB,即显示前视距离 D 和后视顺时针转向前视的夹角 JJ。

③求 P 点的相应里程 KP 及其到路中的垂距 BP,PDKB=3:输入 P 点坐标(XP,YP),即显示 P 点的相应里程 KP 及 P 点至路中的垂距 BP。

④在求转点的里程和垂距工作中 ZDKB=4:输入测站、后视、道路相关数据,输入后视转向前视的夹角 LJ、测站到转点的距离 D,即显示该点的里程 K 及其到道路的垂距 B。

⑤将测站、后视点的 XY 坐标换算成 AB(道路)坐标 ABFY=5:输入测站、后视、道路相关数据后,即显示测站在 AB(道路)坐标系中的坐标值 AO、BO;AB 坐标系的后视方位角 FAH;并显示后视点的 AB 坐标值 AH、BH,以供校核。

⑥计算斜直线与路边线交点的里程和斜线段的长度 XJBK=6:输入斜交角 XJJ、路中心里程 KZ、边线离路中线垂距 B,即显示交点里程 KB 及斜交线段的长度 XC。

⑦将 AB 坐标换算成 XY 坐标:选择?XY=1,输入 AB 坐标原点的大地坐标(XQ,YQ);输入 AB 坐标系原点 KQ=0;输入 A 轴对 X 轴的顺时针夹角 FQ;输入 A 坐标值 K 及 B 坐标值,即显示 X、Y 坐标值(此处,K 即为 A)。

⑧将 *XY* 坐标换算成 *AB* 坐标：选择 PDKB＝4，输入 *AB* 坐标原点的大地坐标（XQ，YQ）；输入 *A* 轴对 *X* 轴的顺时针夹角 FQ；输入 KQ＝0；输入 *X*、*Y* 坐标值，即显示 *A* 坐标值 *K* 及 *B* 坐标值（此处，*K* 即为 *A*）。

⑨说明：将 *AB* 坐标换算成 *XY* 坐标以及将 *XY* 坐标换算成 *AB* 坐标，本汇编没有单独编制程序，而是借用直线计算程序（ZXKB JS）。所谓借用，就是将 *KB* 坐标系当作 *AB* 坐标系来处理；*K* 坐标即为 *A* 坐标；*KB* 坐标系原点的 *K* 值 KQ＝0。

7.3 例 题

例 7.1 ZXKB（坐标换算）

已知 *XY* 坐标系与 *AB* 坐标系的换算关系是：建筑坐标 *AB* 坐标系原点的大地坐标为 XQ＝100，YQ＝－100；*A* 轴在 *XY* 坐标系中的方位角 FQ＝100°（或 *A* 轴上某点的大地坐标为 XMD＝82.63518，YMD＝－1.51922），计算下列各点的大地坐标或建筑坐标，标于框内。

$A=100$	$B=100$	$X=-15.8456$	$Y=-18.8840$
$A=-100$	$B=100$	$X=18.8840$	$Y=-215.8456$
$A=-100$	$B=-100$	$X=215.8456$	$Y=-181.1160$
$A=100$	$B=-100$	$X=181.1160$	$Y=15.8456$
$A=100$	$B=100$	$X=-15.8456$	$Y=-18.8840$
$A=-100$	$B=100$	$X=18.8840$	$Y=-215.8456$
$A=-100$	$B=-100$	$X=215.8456$	$Y=-181.1160$
$A=100$	$B=-100$	$X=181.1160$	$Y=15.8456$

图 7.1 例 7.1 图

例 7.2 ZXKB（XY）

如图 7.2 所示，已知某直线起点坐标 XQ＝100，YQ＝－100，KQ＝100；并知直线的方位角 FQ＝200°（或知直线上某点的坐标 XMD＝－181.90779，YMD＝－202.60604），根据需求点的里程和垂距，计算各点的大地坐标值，标于框内。

例 7.3 ZXKB（FY）

直线如图 7.3 所示，如设站 XO＝120，YO＝－200；后视 XH＝－100，YH＝－400，计算图中各点的极坐标放样数据，标于框内。

例 7.4 ZXKB（XY）

如图 7.4 所示，已知某直线起点坐标 XQ＝100，YQ＝－100，KQ＝100；并知直线的方位角 FQ＝200°（或知直线上某点的坐标 XM＝－181.90779，YM＝－202.60604）；设在 K0＋250 处，有一斜交的桥墩，其斜交角 XJJ＝10°（可建立一独立的坐标系 *AB*），根据需求（如基桩定位），计算各点的大地坐标值，标于框内。

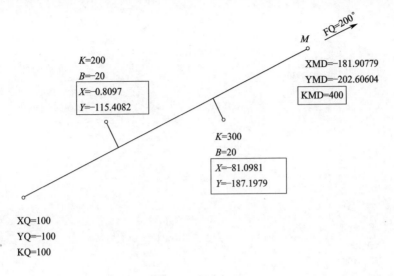

图 7.2　例 7.2 图

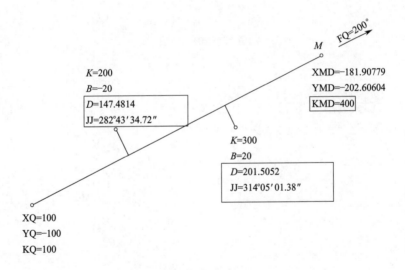

图 7.3　例 7.3 图

例 7.5　ZXKB(FY)

例 7.4 中,如图 7.5 所示,如设站 XO＝120,YO＝－200;后视 XH＝－100,YH＝－400;计算上述各点的极坐标放样数据,标于框内。

例 7.6　ZXKB(PDKB)

已知某直线起点坐标 XQ＝100,YQ＝－100,KQ＝100;并知直线的方位角 FQ＝200°(或知直线上某点的坐标 XMD＝－181.90779,YMD＝－202.60604),有 P 点已知

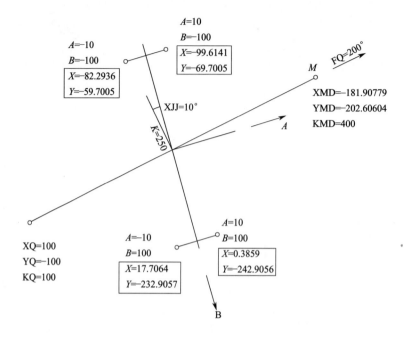

图 7.4 例 7.4 图

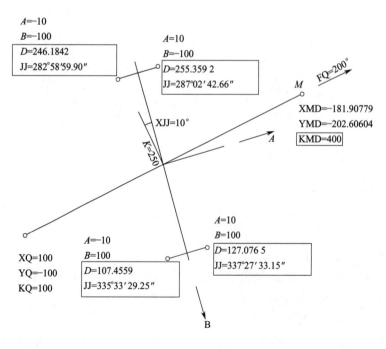

图 7.5 例 7.5 图

坐标如图 7.6 所示,计算各点的相应里程及其垂距,标于框内。

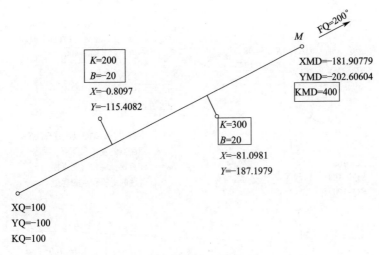

图 7.6 例 7.6 图

例 7.7 ZXKB(PDKB)

XY 坐标系与 AB 坐标系关系如图 7.7 所示,已知 AB 坐标系原点 $XQ=66$,$YQ=44$,A 轴在 XY 坐标系中的方位角 $FQ=108°$,试将图中各点的 XY 坐标值换算成 AB 坐标值,标于框内。

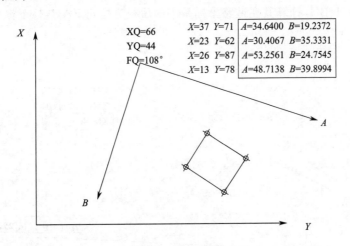

图 7.7 例 7.7 图

例 7.8 ZXKB(ZDKB)

直线如图 7.8 所示,如设站 $XO=120$,$YO=-200$;后视 $XH=-100$,$YH=-400$;观测转点距离 D,前后视夹角 LJ 记录如图所示,计算上述各转点的相应里程及其垂距,标于框内。

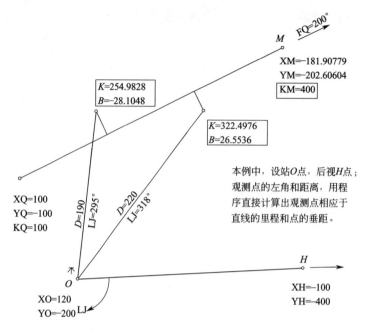

本例中，设站O点，后视H点；观测点的左角和距离，用程序直接计算出观测点相应于直线的里程和点的垂距。

图 7.8 例 7.8 图

例 7.9 ZXKB(ABFY)

直线、设站点、后视点如图 7.9 所示，试将测站点与后视点坐标换算成道路直线坐标 AO、BO、AH、BH，计算其在道路坐标系中的后视方位角 FAH，标于框内。

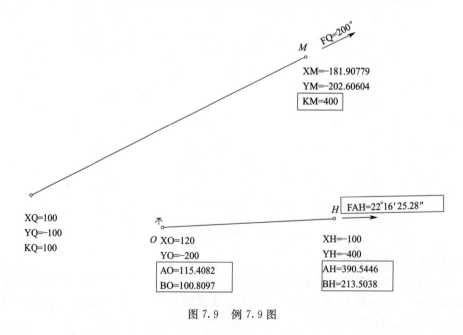

图 7.9 例 7.9 图

例 7.10 ZXKB(XJKB)

如图 7.10 所示为一直线与一直线道路斜交,交点里程 $K=200$,斜交角度 XJJ=55°,道路左宽 20m,右宽 10m,试计算斜交线与边线相交点的里程及斜线的长度,标于框内。

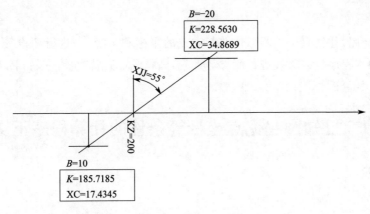

图 7.10 例 7.10 图

8 已知圆起讫点坐标等条件的计算

有的设计图,往往只给出圆弧道路起讫点的坐标和半径,当进行测设等计算时,还需要换算,用本程序可以直接进行测设等计算,圆弧既可右转,也可左转;转角既可小于180°,也可大于180°。

8.1 已知圆起讫点坐标等条件的计算程序正文

YQQD JS

ClrStat:0→Z[10]:

"?XY=1,?FY=2"?S:

If S=2:Then Prog"K":IfEnd:

"XZY"?C:"YZY"?E:"KZY"?H:

"XYZ"?T:"YYZ"?L:?R:

Pol(T-C,L-E)→Z[1]:J→Z[2]:

2sin^{-1}(Z[1]÷(2R))→Z[3]:

πRZ[3]÷180→Z[4]:

"R=1,L=2"?V:"≤180=1,≥180=2"?F:

If F=1:Then Z[3]→Z[15]:Z[4]+H→P:

Else 360-Z[3]→Z[15]:2πR-Z[4]+H→P:IfEnd:

If F=1 And V=1:Then

Z[2]-Z[3]÷2→G:G+Z[3]→M:IfEnd:

If F=1 And V=2:Then

Z[2]+Z[3]÷2→G:G-Z[3]→M:IfEnd:

If F=2 And V=1:Then

Z[2]+Z[3]÷2+180→G:G+360-Z[3]→M:IfEnd:

If F=2 And V=2:Then

Z[2]-Z[3]÷2+180→G:G+Z[3]-360→M:IfEnd:

If G<0:Then G+360→G:IfEnd:

If G>360:Then G-360→G:IfEnd:

If M<0:Then M+360→M:IfEnd:

If M>360：Then M-360→M：IfEnd：

"FZY=":G▸DMS◢ "FYZ=":M▸DMS◢

"ZJ=":Z[15]▸DMS◢ "KYZ=":P◢

Lbl0：

Z[10]+1→Z[10]：?K：?B：180(K-H)÷(πR)→Z[6]：

Rsin(Z[6])→Z[11]：R(1-cos(Z[6]))→Z[12]：

If V=1：Then G+Z[6]→Z[8]：

Else -Z[12]→Z[12]：G-Z[6]→Z[8]：IfEnd：

C+Z[11]cos(G)-Z[12]sin(G)→Z[13]：

E+Z[11]sin(G)+Z[12]cos(G)→Z[14]：

Z[13]-Bsin(Z[8])→X：

Z[14]+Bcos(Z[8])→Y：

If S=1：Then Goto 1：Else Goto 2：IfEnd

Lbl1：

"X=":X◢ "Y=":Y◢

X→ListX[Z[10]]：Y→ListY[Z[10]]：Goto0◢

Lbl2：

Prog"D"："D=":I◢ "JJ=":Z[24]▸DMS◢

I→ListX[Z[10]]：Z[24]→ListY[Z[10]]：Goto0◢

8.2 YQQD JS(已知圆起讫点的计算)程序的使用说明

8.2.1 该程序的功能

在已知圆曲线起点坐标(XZY，YZY)、里程 KZY、圆终点坐标(XYZ，YYZ)、圆半径 R、圆转向(右转或左转)、圆是否大于半圆的条件下,计算始切线方位角 FZY、终切线方位角 FYZ、圆曲线所包含的转角 ZJ、曲线终点里程 KYZ;计算 K 里程相关点的坐标或极坐标放样数据。

8.2.2 各种符号的含义(表 8.1)

表 8.1 各种符号的含义

符 号	符号的含义	符 号	符号的含义
XY=1	需要计算圆相关点的坐标	R	圆曲线半径
FY=2	需要计算圆极坐标放样数据	ZJ	该曲线的转角
XO、YO	测站坐标	R=1	曲线向右转

符　号	符号的含义	符　号	符号的含义
FH＝2	已知后视方位角的条件或后视方位角 FH	L＝2	曲线向左转
XYH＝1	已知后视点坐标的条件	≥180	曲线圆心角大于 180°
XH、YH	后视点坐标	≤180	曲线圆心角小于 180°
DOH	后视距离	K、B	相关点的里程及其至中线的垂距
XZY、YZY、FZY、KZY	直圆点(ZY)的坐标、方位角及里程	X、Y	相关点的坐标计算值
XYZ、YYZ、FYZ、KYZ	圆直点(YZ)的坐标、方位角及里程	D、JJ	相关点的极坐标放样数据距离和夹角

8.2.3　操作方法

(1)进入程序。

(2)选择工作内容;如需要进行相关点的坐标计算,则选择 XY＝1;如进行极坐标放样计算,则选择 FY＝2,并输入测站坐标、选择后视条件并输入相关数据;如已知后视坐标,会显示后视距离 DOH。

(3)输入直圆点的数据 XZY、YZY、KZY;输入圆直点的坐标 XYZ、YYZ;输入曲线半径 R;选择曲线转向,R＝1 或 L＝2;选择圆心角是否大于 180°,≤180＝1,≥180＝2,即显示直圆点方位角 FZY、圆直点方位角 FYZ、曲线转角 ZJ、圆直点里程 KYZ。

(4)输入相关点的里程 K 及其到中线的垂距 B,即显示该点的坐标(X,Y)或放样数据 D、JJ;接着计算,直至计算完毕。

8.3　例　　题

例 8.1　YQQD JS(?XY,≥180,左转)

如图 8.1 所示为某圆弧,已知起点坐标 XZY＝100,YZY＝−100,里程 KZY＝100;其终点坐标 XYZ＝10,YYZ＝400;该圆弧半径 R＝500m,左转,且转角大于 180°,试计算起点的切线方位角 FZY、终点的切线方位角 FYZ 及终点里程 KYZ、曲线转角 ZJ;计算下列点的坐标(K 为里程,B 为点到中线的垂距)。

例 8.2　YQQD JS(?FY,≥180,左转)

如图 8.2 所示为某圆弧,已知起点坐标 XZY＝100,YZY＝−100,里程 KZY＝

100;其终点坐标 XYZ＝10，YYZ＝400；该圆弧半径 R＝500m，左转，且转角大于180°，试计算起点的切线方位角 FZY、终点的切线方位角 FYZ 及终点里程 KYZ、曲线转角 ZJ。如设站 XO＝－350，YO＝70，后视 XH＝－540，YH＝0.00，试计算下列点的极坐标放样数据（K 为里程，B 为点到中线的垂距）。

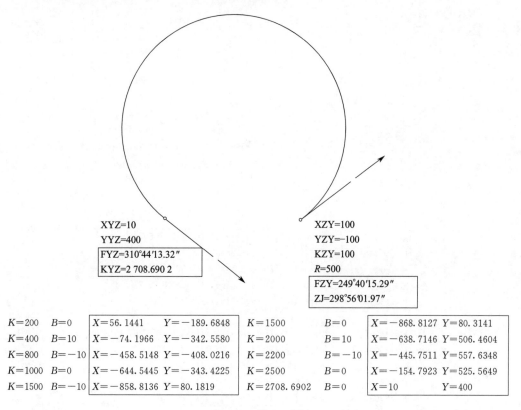

XYZ=10				XZY=100		
YYZ=400				YZY=−100		
FYZ=310°44′13.32″				KZY=100		
KYZ=2 708.690 2				R=500		
				FZY=249°40′15.29″		
				ZJ=298°56′01.97″		

K=200	B=0	X=56.1441	Y=−189.6848	K=1500	B=0	X=−868.8127	Y=80.3141
K=400	B=10	X=−74.1966	Y=−342.5580	K=2000	B=10	X=−638.7146	Y=506.4604
K=800	B=−10	X=−458.5148	Y=−408.0216	K=2200	B=−10	X=−445.7511	Y=557.6348
K=1000	B=0	X=−644.5445	Y=−343.4225	K=2500	B=0	X=−154.7923	Y=525.5649
K=1500	B=−10	X=−858.8136	Y=80.1819	K=2708.6902	B=0	X=10	Y=400

图 8.1　例 8.1 图

例 8.3　YQQD JS(?XY,≤180°,左转)

如图 8.3 所示为某圆弧，已知起点坐标 XZY＝100，YZY＝－100，里程 KZY＝100；其终点坐标 XYZ＝10，YYZ＝400；该圆弧半径 R＝500m，左转，且转角小于180°，试计算起点的切线方位角 FZY、终点的切线方位角 FYZ 及终点里程 KYZ、曲线转角 ZJ；计算下列点的坐标（K 为里程，B 为点到中线的垂距）。

例 8.4　YQQD JS(?FY,≤180,左转)

如图 8.4 所示为某圆弧，已知起点坐标 XZY＝100，YZY＝－100，里程 KZY＝100；其终点坐标 XYZ＝10，YYZ＝400；该圆弧半径 R＝500m，左转，且转角小于180°，试计算起点的切线方位角 FZY、终点的切线方位角 FYZ 及终点里程 KYZ、曲线转角 ZJ。如设站 XO＝－350，YO＝70，后视 XH＝－540，YH＝0.00，试计算下列点的极坐标放样数据（K 为里程，B 为点到中线的垂距）。

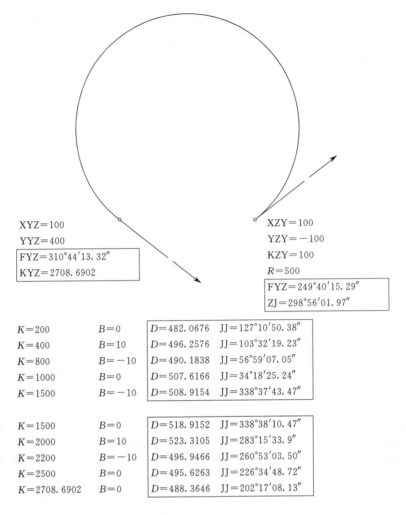

XYZ=100		
YYZ=400		
FYZ=310°44′13.32″		
KYZ=2708.6902		

XZY=100		
YZY=−100		
KZY=100		
R=500		
FYZ=249°40′15.29″		
ZJ=298°56′01.97″		

$K=200$	$B=0$	$D=482.0676$ $JJ=127°10′50.38″$
$K=400$	$B=10$	$D=496.2576$ $JJ=103°32′19.23″$
$K=800$	$B=-10$	$D=490.1838$ $JJ=56°59′07.05″$
$K=1000$	$B=0$	$D=507.6166$ $JJ=34°18′25.24″$
$K=1500$	$B=-10$	$D=508.9154$ $JJ=338°37′43.47″$

$K=1500$	$B=0$	$D=518.9152$ $JJ=338°38′10.47″$
$K=2000$	$B=10$	$D=523.3105$ $JJ=283°15′33.9″$
$K=2200$	$B=-10$	$D=496.9466$ $JJ=260°53′03.50″$
$K=2500$	$B=0$	$D=495.6263$ $JJ=226°34′48.72″$
$K=2708.6902$	$B=0$	$D=488.3646$ $JJ=202°17′08.13″$

图 8.2 例 8.2 图

例 8.5 YQQD JS(?XY,≥180,右转)

如图 8-5 所示为某圆弧,已知起点坐标 XZY=10,YZY=400,里程 KZY=100;其终点坐标 XYZ=100,YYZ=−100;该圆弧半径 $R=500$m,右转,且转角大于 180°,试计算起点的切线方位角 FZY、终点的切线方位角 FYZ 及终点里程 KYZ、曲线转角 ZJ;计算下列点的坐标(K 为里程,B 为点到中线的垂距)。

例 8.6 YQQD JS(?FY,≥180,右转)

如图 8.6 所示为某圆弧,已知起点坐标 XZY=10,YZY=400,里程 KZY=100;其终点坐标 XYZ=100,YYZ=−100;该圆弧半径 $R=500$m,右转,且转角大于 180°,试计算起点的切线方位角 FZY、终点的切线方位角 FYZ 及终点里程 KYZ、曲线转角 ZJ。如设站 XO=−350,YO=70,后视 XH=−540,YH=0.00,试计算下列点的极坐标放

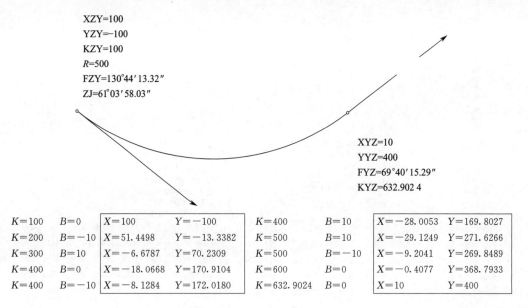

图 8.3　例 8.3 图

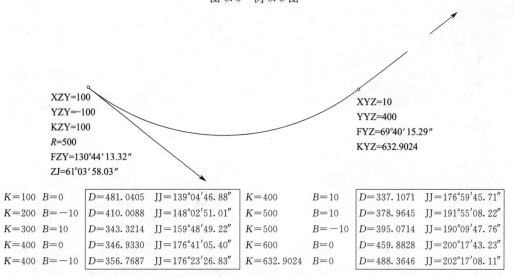

图 8.4　例 8.4 图

样数据(K 为里程,B 为点到中线的垂距)。

　　例 8.7　YQQD JS(?XY,≤180°,右转)

　　如图 8.7 所示为某圆弧,已知起点坐标 XZY＝10,YZY＝400,里程 KZY＝100;其终点坐标 XYZ＝100,YYZ＝－100;该圆弧半径 R＝500m,右转,且转角小于 180°,试计算起点的切线方位角 FZY、终点的切线方位角 FYZ 及终点里程 KYZ、曲线转角 ZJ;计算下列点的坐标(K 为里程,B 为点到中线的垂距)。

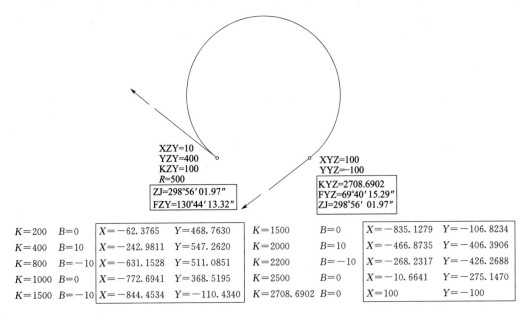

图 8.5　例 8.5 图

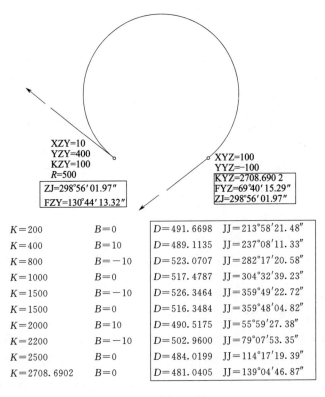

图 8.6　例 8.6 图

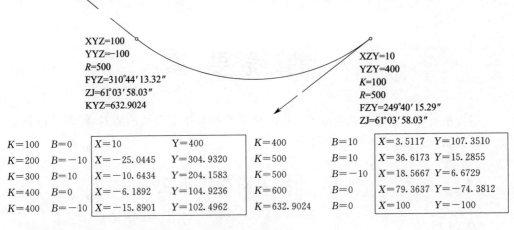

图 8.7　例 8.7 图

例 8.8　YQQD JS(?FY,≤180,右转)

如图 8.8 所示为某圆弧,已知起点坐标 XZY＝10,YZY＝400,里程 KZY＝100;其终点坐标 XYZ＝100,YYZ＝－100;该圆弧半径 $R＝500m$,右转,且转角小于 $180°$,试计算起点的切线方位角 FZY、终点的切线方位角 FYZ 及终点里程 KYZ、曲线转角 ZJ。如设站 XO＝－350,YO＝70,后视 XH＝－540,YH＝0.00,试计算下列点的极坐标放样数据(K 为里程,B 为点到中线的垂距)。

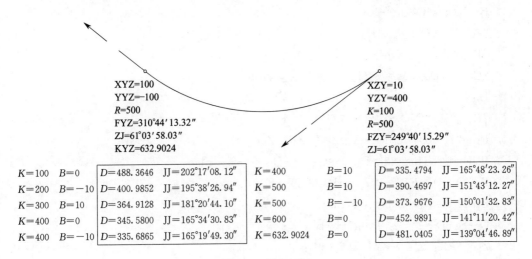

图 8.8　例 8.8 图

9 曲 线 要 素

本程序所说的曲线要素包括了缓和曲线要素和基本型曲线的要素，转角可以是小于180°的角，也可以是大于180°的角。

9.1 曲线要素程序正文

QXYS JS

"HYS=1,QXYS=2"?Q：

If Q=1：Then Goto1：Else Goto2：IfEnd↵

Lbl1：

?R："S"?F：F→Z[5]：F→S：Prog"HAB"：

Z[1]→A：Z[2]→B：Z[6]→C：

Pol(A,B)→E：J→G：

A-Rsin(C)→H：

B+R(cos(C)-1)→K：

"A="：√(RF)◢ "HJ="：C▸DMS◢ "PJ="：G▸DMS◢

"FPJ="：C-G▸DMS◢ "X0="：A◢ "Y0="：B◢

"C0="：E◢ "M="：H◢ "P="：K◢ Goto1↵

Lbl2：

?R："S1"?F："S2"?D："ZJ"?V：F→S：F→Z[5]：

Prog"HAB"：Z[1]→A：Z[2]→B：Z[6]→C：

If F=0：Then 0→E：0→G：0→H：0→K：Else

Pol(A,B)→E：J→G：A-Rsin(C)→H：

B+R(cos(C)-1)→K：IfEnd：

D→S：D→Z[5]：Prog"HAB"：

Z[1]→X：Z[2]→Y：Z[6]→L：

If D=0：Then 0→M：0→N：0→O：0→P：

Else Pol(X,Y)→M：J→N：X-Rsin(L)→O：

Y+R(cos(L)-1)→P：IfEnd：

If V<180 Or V>360：Then

$(R+K)\tan(0.5V)+H-(K-P)\div\sin(V)\rightarrow T$：

$(R+P)\tan(0.5V)+O-(P-K)\div\sin(V)\rightarrow U$：IfEnd：

If V＞180 And V＜360：Then

$(R+K)\tan(0.5(360-V))-H+(K-P)\div\sin(V)\rightarrow T$：

$(R+P)\tan(0.5(360-V))-O+(P-K)\div\sin(V)\rightarrow U$：IfEnd：

$\pi RV\div180+0.5(F+D)\rightarrow W$：

If F＝0 And D＝0：Then "T＝"：T◢ "L＝"：W◢

Else "A1＝"：√(RF)◢ "HJ1＝"：C▸DMS◢

"PJ1＝"：G▸DMS◢ "FPJ1＝"：C-G▸DMS◢

"X01＝"：A◢ "Y01＝"：B◢ "C01＝"：E◢

"M1＝"：H◢ "P1＝"：K◢

"A2＝"：√(RD)◢ "HJ2＝"：L▸DMS◢

"PJ2＝"：N▸DMS◢ "FPJ2＝"：L-N▸DMS◢

"X02＝"：X◢ "Y02＝"：Y◢ "C02＝"：M◢

"M2＝"：O◢ "P2＝"：P◢

"T1＝"：T◢ "T2＝"：U◢ "L＝"：W◢ IfEnd：Goto2◢

9.2 QXYS(曲线要素)程序的使用说明

9.2.1 该程序的功能

(1)在已知圆半径 R 和缓和曲线长度 S 时,计算缓和曲线的回旋参数 A、缓和曲线角 HJ、偏角 PJ、反偏角 FPJ、终点的切线坐标(X0,Y0)、总弦长 C0、切垂距 M、内移距 P。

(2)在已知曲线半径 R、第一、第二缓和曲线长 S1、S2、转角 ZJ 的条件下,计算第一、第二缓和曲线回旋参数 A1、A2;第一、第二缓和曲线角 HJ1、HJ2;第一、第二缓和曲线总偏角 PJ1、PJ2;第一、第二缓和曲线总反偏角 FPJ1、FPJ2;第一、第二缓和曲线终点(HY,YH)的切线坐标[坐标原点为(ZH,HZ)](X01,Y01)、(X02,Y02)(Y01、Y02 为绝对值);第一、第二缓和曲线弦长 C01、C02;第一、第二缓和曲线的切垂距 M1、M2;第一、第二缓和曲线内移距 P1、P2、曲线第一、第二切线长 T1、T2 及曲线总长度 L。当曲线为回头曲线时,只要输入实际转角,程序会自动算出回头曲线的数据;但是,如果 ZJ＝360°,将因为两端 P 值不同而没有交点,也就没有切线长 T;当两端缓和曲线等长时 $T=M$。

9.2.2 各种符号的含义(表 9.1)

表 9.1 各种符号的含义

符 号	符号的含义	符 号	符号的含义
HYS	缓和曲线要素	FPJ1、FPJ2	第一、第二缓和曲线总反偏角

符　号	符号的含义	符　号	符号的含义
QXYS	曲线要素	X01、Y01、X02、Y02	第一、第二缓和曲线终点切线坐标
R	圆曲线半径	C01、C02	第一、第二缓和曲线弦长
S1、S2	第一、第二缓和曲线长	M1、M2	第一、第二缓和曲线的切垂距
ZJ	转角	P1、P2	第一、第二缓和曲线内移距
A1、A2	第一、第二缓和曲线回旋参数	T1、T2	曲线第一、第二切线长
HJ1、HJ2	第一、第二缓和曲线角	L	曲线总长度
PJ1、PJ2	第一、第二缓和曲线总偏角		

9.2.3　操作方法

(1)进入程序。

(2)选择需要计算的内容,如需要计算缓和曲线要素,则输入 HYS＝1;如需要计算曲线要素,则输入 QXYS＝2。

(3)(以曲线要素为例)输入圆曲线半径 R;输入第一、第二缓和曲线长 S1、S2;输入转角 ZJ。

(4)显示第一缓和曲线的回旋参数 A1、缓和曲线角 HJ1、总偏角 PJ1、总反偏角 FPJ1、切线长 X01、及其支距 Y01、总弦长 C01、切垂距 M1、内移距 P1;显示第二缓和曲线的回旋参数 A2、缓和曲线角 HJ2、总偏角 PJ2、总反偏角 FPJ2、切线长 X02 及其支距 Y02、总弦长 C02、切垂距 M2、内移距 P2;显示曲线的第一切线长 T1、第二切线长 T2、曲线总长度 L。

9.3　例　　题

例 9.1　QXYS(HYS)

如图 9.1 所示为某缓和曲线,已知其半径 $R＝500\text{m}$,缓和曲线长度 $S＝80\text{m}$,试计算该缓和曲线的回旋参数 A、缓和曲线角 HJ、缓和曲线偏角 PJ、反偏角 FPJ、缓和曲线终点的切线坐标(X_0,Y_0)及缓和曲线弦长 C0、切垂距 M、内移距 P。

计算结果:

$A＝200$,$HJ＝4°35'01.18''$;$PJ＝1°31'40.10''$;$FPJ＝3°03'21.09''$;$X0＝79.9488$,$Y0＝2.1324$;$C0＝79.9772\text{m}$;$M＝39.9915\text{m}$;$P＝0.5332\text{m}$。

例 9.2　QXYS(QXYS)

如图 9.2 所示为一纯圆曲线(S1＝S2＝0),已知其 ZJ＝30°,半径 $R＝500\text{m}$,试计算该曲线的曲线要素,即计算其切线长 T,曲线长 L。

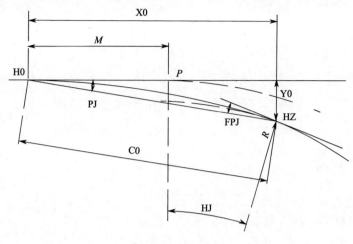

图 9.1 例 9.1 图

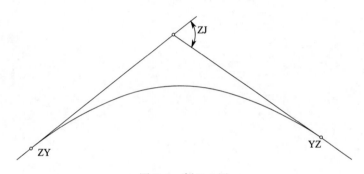

图 9.2 例 9.2 图

计算结果：T1＝T2＝133.9746m；L＝261.7994m。

例 9.3 QXYS(QXYS)

如图 9.3 所示为某曲线，其转角 ZJ＝30°；曲线半径 R＝500m；第一缓和曲线长 S1＝100m；第二缓和曲线长 S2＝80m，试计算该曲线各种要素。

结果如下：回旋参数 A1＝223.6068、A2＝200；

缓和曲线角 HJ1＝5°43′46.48″，HJ2＝4°35′01.18″；

偏角 PJ1＝1°54′34.91″、PJ2＝1°31′40.10″；

反偏角 FPJ1＝3°49′11.57″，FPJ2＝3°03′21.09″；

缓终切线坐标 X01＝99.9000，Y01＝3.3310，X02＝79.9488，Y02＝2.1324；

缓和曲线长 C01＝99.9556m，C02＝79.9772m；

切垂距 M1＝49.9833，M2＝39.9915；

内移距 P1＝0.8330m，P2＝0.5332m；

第一切线长 T1＝183.5815m，T2＝174.7086m；

曲线长 $L=351.7994$。

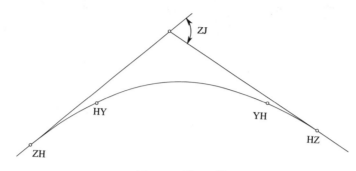

图 9.3　例 9.3 图

例 9.4　QXYS(QXYS)

如图 9.4 所示,某曲线转角 ZJ＝30°;曲线半径 $R=500\text{m}$;第一、第二缓和曲线等长,即 S1＝S2＝100m;试计算该曲线各种要素。

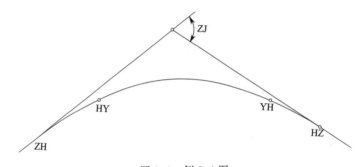

图 9.4　例 9.4 图

结果如下:回旋参数 A1＝A2＝223.6068;缓和曲线角 HJ1＝HJ2＝5°43′46.48″;偏角 PJ1＝PJ2＝1°54′34.91″;反偏角 FPJ1＝FPJ2＝3°49′11.57″;缓和曲线终点的切线坐标 X01＝X02＝99.9000,Y01＝Y02＝3.3310;缓和曲线长 C01＝C02＝99.9556m;切垂距 M1＝M2＝49.9833m;内移距 P1＝P2＝0.8330m;第一、第二切线长 T1＝T2＝184.1811m;曲线长 $L=361.7994\text{m}$。

例 9.5　QXYS(QXYS)

如图 9.5 所示,某曲线转角 ZJ＝30°;曲线半径 $R=500\text{m}$;第一缓和曲线长 S1＝100m;第二缓和曲线长 S2＝0,试计算该曲线各种要素。

结果如下:回旋参数 A1＝223.6068、A2＝0;缓和曲线角 HJ1＝5°43′46.48″、HJ2＝0;偏角 PJ1＝1°54′34.91″,PJ2＝0;反偏角 FPJ1＝3°49′11.57″、FPJ2＝0;缓终切线坐标 X01＝99.9000、Y01＝3.3310,X02＝0、Y02＝0;缓和曲线长 C01＝99.9556m,C02＝0;切垂距 M1＝49.9833m,M2＝0;内移距 P1＝0.8330m,P2＝0;切线长 T1＝182.5151m,T2＝135.6407m;曲线长 $L=311.7994\text{m}$。

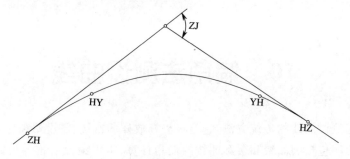

图 9.5　例 9.5 图

例 9.6　QXYS(QXYS)

某曲线如图 9.6 所示,已知半径 $R＝500m$,第一缓和曲线 S1＝100m,第二缓和曲线 S2＝80m,转向角 ZJ＝300°,试计算其曲线要素。

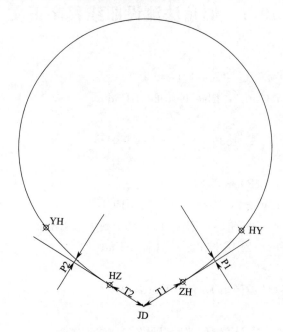

图 9.6　例 9.6 图

计算结果如下:A1＝223.6068,HJ1＝5°43′46.48″,PJ1＝1°54′34.91″,FPJ1＝3°49′11.57″,X01＝99.9000,Y01＝3.3310,C01＝99.9556m,M1＝49.9833m,P1＝0.8330m,A2＝200.0000,HJ2＝4°35′01.18″,PJ2＝1°31′40.10″,FPJ2＝3°03′21.09″,X02＝79.9488,Y02＝2.1324,C02＝79.9772m,M2＝39.9915m,P2＝0.5332m,T1＝238.8265m,T2＝249.3377m,$L＝2707.9939m$。

10   偏角法测设曲线

偏角法是测设曲线的传统方法,它是极坐标放样的特例,需设站和后视中线上的已测设点。本程序包括圆曲线和缓和曲线的偏角计算;本汇编没有推导设站缓和曲线上某点统一测设缓和曲线和圆曲线上点的公式,也没有推导设站圆曲线上某点,统一测设缓和曲线和圆曲线上点的公式。如遇到上述情况,可用其他坐标放样方法(如用道路平面计算程序 DLPM JS)。

10.1   偏角法测设曲线程序正文

PJFY JS

"YPJ=1,HPJ=2"?Q:"R=1,L=2"?N:

If Q=1:Then Goto1:Else Goto2:IfEnd⏎

Lbl1:

?R:"KSTN"?H:Goto3⏎

Lbl3:

?K:90(K-H)÷(πR)→V:

If N=1:Then V→T:Else -V→T:IfEnd:

If K>H:Then T→Z[1]:Else T+180→Z[1]:IfEnd:

If Z[1]<0:Then Z[1]+360→Z[1]:IfEnd:

2RAbs(sin(V))→C:

"C=":C◢ "PJ=":Z[1]▸DMS◢ Goto3⏎

Lbl2:

?R:"KH0"?M:"KHZ"?Z:"KSTN"?H:Goto4⏎

Lbl4:

?K:If K=H:Then Goto5:IfEnd:

Abs(Z-M)→S:RS→L:H-M→C:K-M→G:

90C²÷(πL)→Z[1]:

C-C^(5)÷(40L²)+C^(9)÷(3456L^(4))→A:

C^(3)÷(6L)-C^(7)÷(336L^(3))+C^(11)÷(42240L^(5))→B:

G-G^(5)÷(40L²)+G^(9)÷(3456L^(4))→X:

$G^(3) \div (6L) - G^(7) \div (336L^(3)) + G^(11) \div (42240L^(5))) \to Y$：

$Pol(X-A, Y-B) \to D$：$J \to Z[2]$：

If N＝1：Then Z[2]-Z[1]→Z[3]：Else Z[1]-Z[2]→Z[3]：IfEnd：

If Z＞M：Then Z[3]→P：Else -Z[3]→P：IfEnd：

If P＜0：Then P＋360→P：IfEnd：Goto6↵

Lbl5：

0→P：0→D：Goto6↵

Lbl6：

"D＝"：D↵ "PJ＝"：P▸DMS↵ Goto4↵

10.2 PJFY JS(偏角放样计算)程序的使用说明

10.2.1 该程序功能

(1)进行圆曲线偏角法放样计算。

(2)进行缓和曲线偏角法放样计算。

10.2.2 各种符号的含义(表 10.1)

表 10.1 各种符号的含义

符 号	符号的含义	符 号	符号的含义
YPJ＝1	圆偏角	K	计算点里程
HPJ＝2	缓和曲线偏角	C	置镜点到测设点的水平距离
R＝1	曲线右转	PJ	偏角
L＝2	曲线左转	KH0	ZH 点或 HZ 点的里程(即缓和曲线起点里程)
R	圆曲线半径	KHZ	HY 点或 YH 点的里程(即缓和曲线终点里程)
KSTN	置镜点里程		

10.2.3 操作方法

(1)进入程序。

(2)选择工作：如计算圆曲线偏角,则选择 YPJ＝1；如计算缓和曲线偏角,则选择 HPJ＝2。

(3)分述如下：

①圆偏角计算(YPJ＝1)：输入曲线转向(R＝1 或 L＝2)、曲线半径 R、置镜点的里程 KSTN、计算点里程 K；即显示仪器到测点的距离 C、测站处切线前进方向顺时针转向测点的偏角 PJ。

② 缓和曲线偏角计算(HPJ=2)：输入曲线转向(R＝1 或 L＝2)、曲线半径 R、缓和曲线起点里程 KH0(ZH、HZ 点里程)、缓和曲线终点里程 KHZ(HY、YH 点里程)、置镜点里程 KSTN、测设点里程 K，即显示弦长 C、偏角 PJ。

说明：总是以测站处切线的前进方向为零方向。

10.3 例   题

例 10.1　PJFY JS(YPJ)

如图 10.1 所示为两个偏角法测设圆曲线的示例，圆半径 $R=500$m，图(a)为右转曲线，图(b)为左转曲线；设站 $K=300$，试计算 $K=100 \sim K=500$ 之间每 50m 的偏角 PJ 及弦长 C(在偏角法测设曲线时，除设站点之外，还需一个已测设点，作为后视方向；如图中 $K=500$ 已经测设完毕，则可以以该点的偏角后视该点，然后继续测设，弦长可用钢尺分段量取，也可用测距仪)。

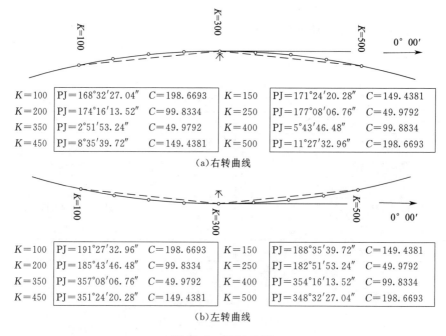

图 10.1　例 10.1 图

例 10.2　PJFY JS(HPJ)

如图 10.2 所示，为用偏角法测设缓和曲线的示例，设曲线右转，缓和曲线起点里程 KH0＝100，其终点里程 KHZ＝180(这说明是始端缓和曲线)，圆曲线半径 $R=500$m，分别设站 $K=100$、$K=120$、$K=140$、$K=160$、$K=180$，试计算偏角法测设数据。计算结果见表 10.2。

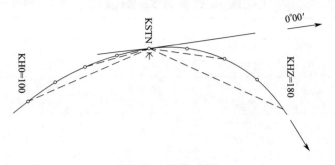

图 10.2　例 10.2 图

表 10.2　例 10.2 计算结果

K	100	120	140	160	180
100	↑	20.0000 0°05′43.77″	39.9993 0°22′55.09″	59.9946 0°51′33.92″	79.9772 1°31′40.10″
120	20.0000 179°48′32.45″	↑	19.9998 0°22′55.10″	39.9973 0°57′17.73″	59.9856 1°43′07.80″
140	39.9993 179°14′09.80″	19.9998 179°31′21.13″	↑	19.9995 0°40′06.42″	39.9940 1°31′40.35″
160	59.9946 178°16′52.00″	39.9973 178°39″47.14″	19.9995 179°14′09.80″	↑	19.9990 0°57′17.74″
180	79.9772 176°56′38.91″	59.9856 177°25′17.94″	39.9940 178°05′24.47″	19.9990 178°56′58.48″	↑

注:↑为置镜点,横向读取偏角距离,以两个已测设点为依据,具体做法见例10.1。

例 10.3　PJFY JS(HPJ)

如图 10.3 所示为用偏角法测设缓和曲线的示例,设曲线右转,缓和曲线起点里程 KH0＝180,其终点里程 KHZ＝100(这说明是终端缓和曲线),圆曲线半径 $R＝500$,分别设站 $K＝100$、$K＝120$、$K＝140$、$K＝160$、$K＝180$,试计算偏角法测设数据。计算结果见表 10.3。

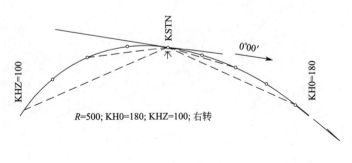

图 10.3　例 10.3 图

表 10.3　例 10.3 计算结果

K	100	120	140	160	180
100	⊼	19.9990 1°03′01.52″	39.9940 1°54′35.53″	59.9856 2°34′42.06″	79.9772 3°03′21.09″
120	19.9990 179°02′42.26″	⊼	19.9995 0°45′50.20″	39.9973 1°20′12.86″	59.9946 1°43′08.00″
140	39.9940 178°28′19.65″	19.9995 179°19′53.58″	⊼	19.9998 0°28′38.87″	39.9993 0°45′50.20″
160	59.9856 178°16′52.20″	39.9973 179°02′42.27″	19.9998 179°37′04.90″	⊼	20 0°11′27.55″
180	79.9772 178°28′19.90″	59.9946 179°08′26.08″	39.9993 179°37′04.91″	20.0000 179°54′16.23″	⊼

注:⊼为置镜点,横向读取偏角距离,以两个已测设点为依据,具体做法见例 10.1。上两例半径相同,缓长相同,转向相同,但上例是始端缓和曲线,例 10.3 是终端缓和曲线。切线正向总指向前进方向。

11 交点坐标的计算

本程序用于计算两直线相交、直线与圆相交、圆与圆相交时交点的坐标。

11.1 交点坐标计算程序正文

JDXY JS

"Z+Z=1,Z+Y=2,Y+Y=3"?Q：

If Q=1：Then Goto1：IfEnd：

If Q=2：Then Goto2：IfEnd：

If Q=3：Then Goto3：IfEnd↲

Lbl1：

"XS"?O：YS"?U："XZ"?W："YZ"?Z：

"XY=1,FJ=2"?N：

If N=1：Then GotoA：Else Goto B：IfEnd↲

LblA：

"HXS"?A："HYS"?B："HXZ"?F："HYZ"?H：

Pol(A-O,B-U)：J→G：Pol(F-W,H-Z)：J→M：Goto C↲

LblB：

"FS"?G："FZ"?M：Goto C↲

LblC：

$(\cos(M)(U-Z)+\sin(M)(W-O))\div(\cos(G)\sin(M)-\sin(G)\cos(M))\to D$：

$(\cos(G)(Z-U)+\sin(G)(O-W))\div(\cos(M)\sin(G)-\sin(M)\cos(G))\to S$：

$O+D\cos(G)\to X$：$U+D\sin(G)\to Y$：

"DS="：D◢ "DZ="：S◢ "XJD="：X◢ "YJD="：Y◢ Goto 1↲

Lbl2：

"XZ"?O："YZ"?U："FZ"?F："XO"?W："YO"?Z：?R：

$(O-W)\cos(F)+(U-Z)\sin(F)\to Z[1]$：

$R^2-(O-W)^2-(U-Z)^2\to Z[2]$：$\sqrt{(Z[1]^2+Z[2])}\to Z[3]$：

$-Z[3]-Z[1]\to Z[5]$：$Z[3]-Z[1]\to Z[4]$：

$O+Z[4]\cos(F)\to Z[6]$：

$U+Z[4]\sin(F)\to Z[7]$：

$O+Z[5]\cos(F)\to Z[8]$：

U+Z[5]sin(F)→Z[9]：

"XJDJ=":Z[6]◢ "YJDJ=":Z[7]◢ "XJDT=":Z[8]◢

"YJDT=":Z[9]◢ Goto2◢

Lbl3：

"XO1"?O："YO1"?U："RO1"?A：

"XO2"?W："YO2"?Z："RO2"?B：

Pol(W-O,Z-U)：J→Z[3]：

$\cos^{-1}((A^2+I^2-B^2)\div(2AI))\to Z[2]$：Z[3]-Z[2]→F：

Z[3]+Z[2]→V：O+Acos(F)→G：

U+Asin(F)→S：O+Acos(V)→T：U+Asin(V)→D：

"XJDZ=":G◢ "YJDZ=":S◢ "XJDY=":T◢

"YJDY=":D◢ Goto3◢

11.2 JDXY JS(交点坐标计算)程序的使用说明

11.2.1 该程序功能

(1)直线与直线相交时,计算交点的坐标。

(2)直线与圆相交时,计算交点的坐标。

(3)圆与圆相交时,计算交点的坐标。

11.2.2 各种符号的含义(表 11.1)

表 11.1 各种符号的含义

符 号	符号的含义	符 号	符号的含义
Z+Z	直线与直线相交	DS、DZ	交点到第一、第二条直线上已知点的计算距离
Z+Y	直线与圆相交	XJD、YJD	交点计算坐标
Y+Y	圆与圆相交	XZ、YZ	直线与圆相交时,直线上一已知点的坐标
XS、YS	第一条直线上已知点的坐标	FZ	直线已知方位角
XZ、YZ	第二条直线上已知的坐标	XO、YO	圆心坐标
XY	已知直线上另一个点的坐标的条件	R	圆半径
FJ	已知直线方位角的条件	XJDJ、YJDJ	直线前进方向与圆的交点坐标
HXS、HYS	第一条直线上另一已知点的坐标	XJDT、YJDT	直线后退方向与圆的交点坐标
HXZ、HYZ	第二条直线上另一已知点的坐标	XO1、YO1、RO1、XO2、YO2、RO2	第一、第二圆的圆心坐标及其半径
FS	已知第一条直线的方位角	XJDZ、YJDZ、XJDY、YJDY	圆与圆左侧、右侧的交点计算坐标
FZ	已知第二条直线的方位角		

11.2.3 操作方法

(1)进入程序。

(2)选择工作:Z+Z=1 或 Z+Y=2 或 Y+Y=3。

(3)各项工作分述如下:

①如要计算直线与直线的交点坐标(Z+Z=1):输入第一、第二条直线上已知点的坐标(XS,YS)、(XZ,YZ);选择已知条件 XY=1,FJ=2 并输入相关数据 HXS、HYS、HXZ、HYZ 或 FS、FZ,即显示交点至原已知点的距离 DS、DZ 及交点坐标(XJD,YJD)。

②如计算直线与圆的交点坐标(Z+Y=2):输入直线上点的坐标(XZ,YZ)及其方位角 FZ;输入圆心坐标(XO,YO)及其半径 R,即显示前进方向、后退方向的交点坐标(XJDJ,YJDJ)、(XJDT,YJDT)。

③计算圆与圆交点坐标(Y+Y=3):输入第一、第二圆的圆心坐标及其半径(XO1,YO1)、RO1、(XO2,YO2)、RO2,即显示左侧、右侧的交点坐标(XJDZ,YJDZ)、(XJDY,YJDY)。

11.3 例 题

例 11.1 JDXY(Z+Z)

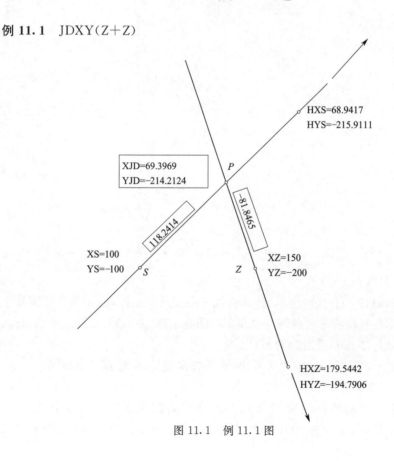

图 11.1 例 11.1 图

计算两直线相交时交点 P 的坐标（XP，YP），S、Z 分别为两条直线上的已经坐标点，并已知每条直线上的另一点的坐标值（HXS，HYS）、（HXZ，HYZ），如图 11.1 所示，将计算结果标于框内，图中也标出了交点 P 分别到 S、Z 的距离（负值表示反向）。

例 11.2 JDXY(Z+Z)

计算两直线相交时交点 P 的坐标（XP，YP），S、Z 分别为两条直线上的已经坐标点，并已知直线上的另一点的坐标值 HXS、HYS 和方位角，如图 11.2 所示，将计算结果标于框内，图中也标出了交点 P 分别到 S、Z 的距离（负值表示反向）。

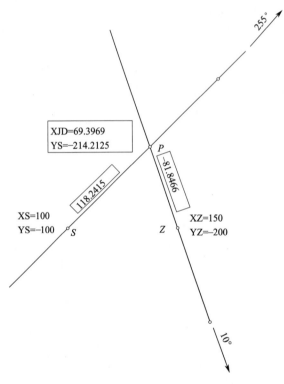

图 11.2　例 11.2 图

例 11.3 JDXY(Z+Y)

如图 11.3(a)、图 11-3(b)所示，计算直线与圆交点的坐标，已知条件是直线上一点的坐标(XZ，YZ)，直线前进方向的方位角 FZ，圆心坐标(XO，YO)，圆的半径 R；从 Z 点出发，前面的交点为 JDJ，后退的为 JDT。

从图 11.3(a)与图 11.3(b)中可看出，直线方向相反，但计算结果相同。

例 11.4 JDXY(Y+Y)

求如图 11.4 所示两圆相交时交点左和交点右的坐标（XJDZ，YJDZ）、（XJDY，YJDY），已知左圆的圆心坐标 XO1＝100、YO1＝－100，其半径 R1＝300；右圆的圆心坐标

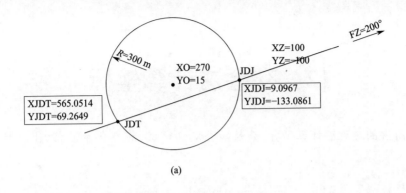

(a)

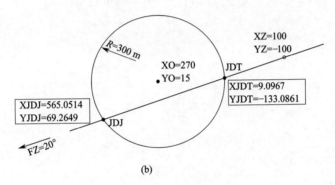

(b)

图 11.3　例 11.3 图

XO2＝－120、YO2＝－180,其半径 R2＝500,计算结果标于框内。

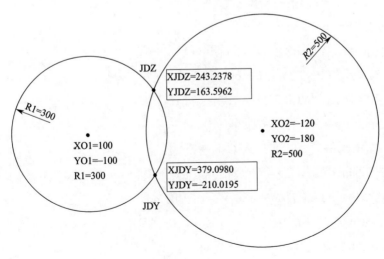

图 11.4　例 11.4 图

12 交会法计算坐标

这里所讲的交会法计算坐标,涉及后方交会定点、前方交会定点、和边长交会定点。

12.1 交会法计算坐标程序正文

JHXY JS

Lbl0:

"QFJH=1,HFJH=2,BBJH=3"?Q:

"XA"?A: "YA"?B: "XB"?C: "YB"?D:

If Q=1: Then Goto1: IfEnd:

If Q=2: Then Goto2: IfEnd:

If Q=3: Then Goto3: IfEnd↵

Lbl1: "LJA"?E: "LJB"?F:

Pol(C-A,D-B)→Z[1]: J+E→Z[4]:

Z[1]sin(F)÷sin(180+E-F)→Z[3]:

A+Z[3]cos(Z[4])→X: B+Z[3]sin(Z[4])→Y:

"XP=":X◢ "YP=":Y◢ Goto0↵

Lbl2: "XC"?E: "YC"?F: "JAB"?G: "JBC"?H:

Pol(A-C,B-D)→Z[1]: J→Z[2]:

Pol(E-C,F-D)→Z[3]: J-Z[2]-G-H→Z[6]:

$\tan^{-1}$(Z[3]sin(G)sin(Z[6])÷(Z[1]sin(H)+Z[3]sin(G)cos(Z[6])))→Z[7]:

If Z[7]<0: Then Z[7]+180→Z[7]: IfEnd:

Z[2]+180+Z[7]→Z[10]:

Z[1]sin(180-G-Z[7])÷sin(G)→Z[11]:

A+Z[11]cos(Z[10])→X: B+Z[11]sin(Z[10])→Y:

"XP=":X◢ "YP=":Y◢ Goto0↵

Lbl3：

"BAP"?E："BBP"?F：

Pol(C-A,D-B)→I：J→Z[1]：

$\cos^{-1}((E^2+I^2-F^2)\div(2EI))\to Z[2]$：

Z[1]+Z[2]→G：Z[1]-Z[2]→H：

A+Ecos(G)→W：B+Esin(G)→X：

A+Ecos(H)→Y：B+Esin(H)→Z：

"XPY=":W◢ "YPY=":X◢ "XPZ=":Y◢ "YPZ=":Z◢ Goto0↵

12.2　JHXY JS(交会法坐标计算)程序的使用说明

12.2.1　该程序功能

(1)前方角度交会法计算 *P* 点的坐标。

(2)后方角度交会法计算 *P* 点的坐标。

(3)距离交会法计算 *P* 点的坐标。

12.2.2　各种符号的含义(表 12.1)

表 12.1　各种符号的含义

符　　号	符号的含义	符　　号	符号的含义
QFJH	前方交会	XP、YP	*P* 点的计算坐标
HFJH	后方交会	XPY、YPY	距离交会时,右侧交点的坐标
BBJH	距离交会	BAP、BBP	边长 *AP*、*BP*
XA、YA、XB、YB、XC、YC	*A*、*B*、*C* 点的坐标	XPZ、YPZ	左侧交点的坐标
LJA、LJB	前方交会时角度 *BAP*、角度 *ABP*	JAB、JBC	后方交会时,角度 *APB*、角度 *BPC*

12.2.3　操作方法

(1)进入程序。

(2)选择工作内容:如需要进行前方角度交会计算,则选 QFJH＝1;如需要进行角度后方交会计算,则选 HFJH＝2;如需要进行距离交会计算,则选择 BBJH＝3。

(3)输入 A、B 点的坐标(XA,YA)、(XB,YB)[(如进行后方交会计算,还需输入 C 点的坐标(XC,YC)]。

(4)前方交会时,输入角度 BAP、ABP;后方交会时,输入角度 APB、BPC(设站和后视点为已知坐标点,观测角均为左角);距离交会时,输入边长 AP、BP。

(5)显示 P 点的坐标(XP,YP)[距离交会时右侧交点坐标(XPY,YPY),左侧交点坐标(XPZ,YPZ)]。

12.3 例 题

例 12.1 JHXY(HFJH)

如图 12.1 所示,为三个后方角度交会的算例,已知三个控制点的坐标如图;设站 P 点,观测两个夹角,其数据如图所示,试计算设站点 P 点的坐标。

计算结果:$XP=-2655.3904$,$YP=-924.4462$。

结果可知:只要控制点的坐标数据相同,A、B、C 的顺序可以调换,相应的角度都取顺时针角,P 点坐标的计算结果相同,所以,后方交会计算不必限制 A、B、C 的顺序。

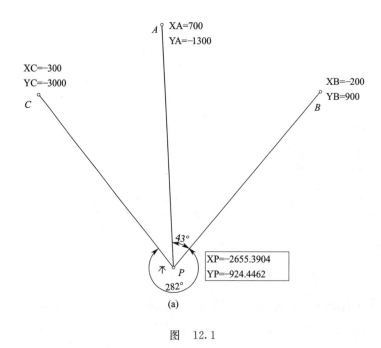

(a)

图 12.1

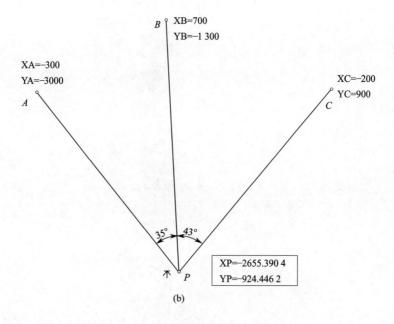

(b)

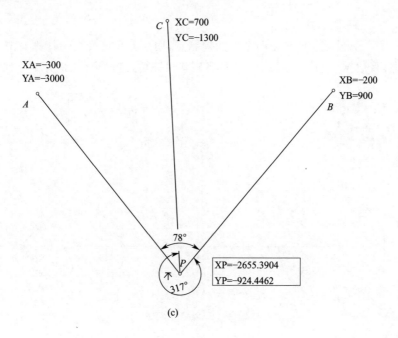

(c)

图 12.1　例 12.1 图

例 12.2 JHXY(BBJH)

如图 12.2 所示,设 A、B 为两个已知控制点,用距离交会法计算交汇点 P 的坐标(数据如图,交会点左右各一个)。

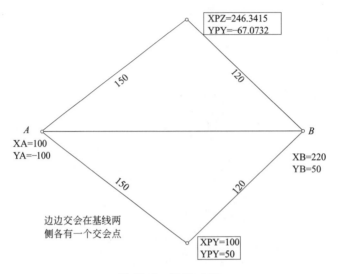

图 12.2 例 12.2 图

例 12.3 JHXY(QFJH)

如图 12.3 所示,设 A、B 为两个已知控制点,用前方角度交会法计算交汇点 P 的坐标,标于框内(数据如图)。注意:观测的都是顺时针角,这样观测、计算都方便。

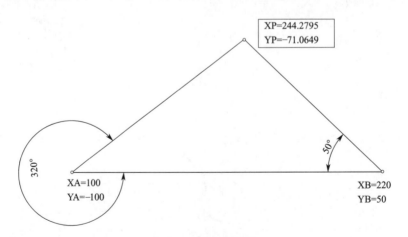

图 12.3 例 12.3 图

13 建筑坐标、圆、椭圆、交叉口计算(其他 1)

本程序用于计算建筑坐标系、圆、椭圆、斜交椭圆、交叉口圆弧的相关点的大地坐标;或用大地坐标控制点,进行建筑坐标系、圆、椭圆、斜交椭圆、交叉口圆弧相关点的极坐标放样数据计算。

13.1 建筑坐标、圆、椭圆、交叉口计算程序正文

QITA1 JS

ClrStat: 0→Z[10]:
"AB=1,Y=2,TY=3,JCJS=4"?Q:
"?XY=1,?FY=2"?D:
If D=2: Then Prog"K": IfEnd :
"XQ"?C: "YQ"?E:
"FA=1,AXY=2"?M:
If M=1: Then "FA"?G: Else
"XA"?T: "YA"?L: Pol(T-C,L-E): J→G: IfEnd:
If G>180: Then G-360→G: IfEnd:
If Q=2: Then ?R: Goto0: IfEnd:
If Q=3: Then "RA"?F: "RB"?K:
"XJJ"?P: Goto0: IfEnd:
If Q=4: Then ?R: "ZJ"?H: "WY"?F: ?N:
"FC=":R(1-cos(H÷(2N)))◢ "FW=":(R-F)(1-cos(H÷(2N)))◢
"R=1,L=2"?S: IfEnd:
If S=1: Then 1→Z[12]:
Else -1→Z[12]: Goto0: IfEnd◢
Lbl0:
Z[10]+1→Z[10]:
If Q=1: Then Goto1: IfEnd:
If Q=2: Then Goto2: IfEnd:

If Q=3：Then Goto3：IfEnd：

If Q=4：Then Goto4：IfEnd⌋

Lbl1：

?A：?B：Goto5⌋

Lbl2：

?V：Rcos(V)→A：Rsin(V)→B：Goto5⌋

Lbl3：

?V：Ksin(V)cos(P)→B：Fcos(V)-Btan(P)→A：Goto5⌋

Lbl5：

C＋Acos(G)-Bsin(G)→X：E＋Asin(G)＋Bcos(G)→Y：

If D=1：Then Goto6：Else Goto7：IfEnd⌋

Lbl4：

?K：KH÷N→Z[11]：Rsin(Z[11])→Z[1]：

R(1-cos(Z[11]))→Z[2]：

G＋Z[11]Z[12]→Z[8]：

C＋Z[1]cos(G)-Z[12]Z[2]sin(G)→Z[3]：

E＋Z[1]sin(G)＋Z[12]Z[2]cos(G)→Z[4]：

Z[3]-Z[12]Fsin(Z[8])→X：

Z[4]＋Z[12]Fcos(Z[8])→Y：

If D=1：Then Goto6：Else Goto7：IfEnd⌋

Lbl6：

"X=":X◢ "Y=":Y◢

X→ListX[Z[10]]：Y→ListY[Z[10]]：Goto0⌋

Lbl7：

Prog"D"："D=":I◢ "JJ=":Z[24]▸DMS◢

I→ListX[Z[10]]：Z[24]→ListY[Z[10]]:Goto0⌋

13.2　QITA1 JS(其他计算)程序的使用说明

13.2.1　该程序功能

(1)将 AB 坐标系的坐标换算成 XY 坐标系的坐标或进行极坐标放样数据计算。

(2)进行圆的坐标计算或进行极坐标放样数据计算。

(3)进行椭圆(包括斜交椭圆)的坐标计算或极坐标放样数据计算。

(4)进行交叉口圆弧的坐标计算或极坐标放样数据计算。

13.2.2 各种符号的含义（表13.1）

表 13.1 各种符号的含义

符　号	符号的含义	符　号	符号的含义
AB	*AB* 坐标系（泛指建筑坐标、道路切线坐标等用户坐标）	XY	需要求坐标
Y	圆	FY	需要进行极坐标放样数据计算
TY	椭圆	XO、YO	测站坐标
JC	交叉口计算	XYH=1,FH=2	已知后视条件
RA	椭圆 *A* 轴半径	FH	已知后视方位角的条件或后视方位角的数值
RB	椭圆 *B* 轴半径	XYH=1	已知后视点坐标的条件
R	圆半径及交叉圆弧半径	XH、YH	后视点坐标
ZJ	交叉圆弧的圆心角	DOH	后视距离
WY	交叉圆弧向圆心移动的距离	D	前视距离
N	表示交叉圆弧分的段数	JJ	后视到前视的顺时针夹角
FC	侧石每段圆弧的中矢	XQ、YQ	起点（切点、原点）的坐标
FW	外移圆弧每段的中矢	FA	起始轴 *A* 轴的方位角
R=1	交叉圆弧右转	AXY	已知 *A* 轴上某点坐标的条件
L=2	交叉圆弧左转	XA、YA	*A* 轴上某点的坐标值
K	交叉圆弧分点的序号（0～K）	FA	*A* 轴在 *XY* 坐标系的方位角
V	圆半径或椭圆极径与 *A* 轴的夹角（在斜交椭圆中，*V* 为极径与 *A* 轴的名义夹角）	A、B	*AB* 坐标系的坐标值
XJJ	椭圆的斜交角度	X、Y	*XY* 坐标系的坐标值

13.2.3 操作方法

（1）进入程序。

（2）选择需要计算的对象：如需要进行 *AB* 坐标系的计算，则选 AB＝1；如需要圆的计算，则选 Y＝2；如需要计算椭圆，则选 TY＝3；如需要计算交叉圆弧，则选 JC＝4。

（3）选择工作内容：如需要计算坐标，则选 XY＝1；如需要进行极坐标放样计算，则选FY＝2。

（4）对于放样计算，输入测站坐标（XO，YO）；选择后视条件，如已知后视方位角，则输入 FH；如已知后视坐标，则输入坐标（XH，YH），显示后视距离 DOH。

（5）输入起点（原点、切点）坐标（XQ，YQ），选择已知条件：如已知起始边（*A* 轴）方位角,则选 FA＝1,并输入其方位角 FA;如已知 A 轴上某点的坐标,则选 AXY＝2,并输入其坐标(XA,YA)。

(6)各种对象的分述如下:

①AB 坐标系计算 AB＝1:输入坐标值 A、B,即显示坐标值 X、Y 或显示前视距离 D 和后视到前视的顺时针夹角 JJ。

②对于圆的计算 Y＝2:输入圆的半径 R,输入点所在半径与起始方向的夹角 V,即显示计算坐标值 X、Y 或前视距 D 和前后视夹角 JJ。

③对于椭圆的计算 TY＝3:输入 A、B 轴的半径 RA、RB,输入斜交角 XJJ(顺时针为正,逆时针为负,如为正交椭圆则 XJJ＝0);输入点所在极径与起始方向的名义夹角 V(引入的参数),即显示点的坐标值 X、Y 或放样数据 D 和 JJ。

④对于交叉圆弧计算 JC＝4:在已输入切点坐标、方位角的基础上,输入圆弧半径 R、转角 ZJ,输入外移值 WY,分段总数 N,即显示侧石圆弧每段的中矢值 FC、外移圆弧每段的中矢值 FW;输入转向参数,右转 R＝1,左转 L＝2;输入计算点的序号 $K(0\sim K)$,即显示该点的坐标值 X、Y 或放样数据 D 和 JJ。

13.3 例   题

例 13.1 QITA1(AB-XY)

某开发区的定位采用建筑坐标系(AB 坐标系),其坐标原点的大地坐标值为 XQ＝100,YQ＝－100,已知 A 轴在大地坐标系中的方位角为 $100°$(或 A 轴上某点坐标为 XA＝82.63518,YA＝－1.51922),某构筑物上有四点的 AB 坐标值如图 13.1 所示,试将其换算成大地坐标值标于框内。

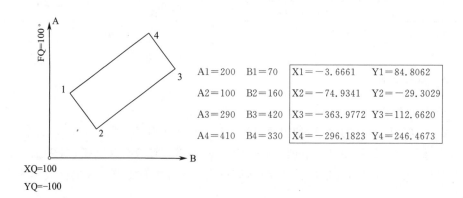

A1＝200	B1＝70	X1＝－3.6661	Y1＝84.8062
A2＝100	B2＝160	X2＝－74.9341	Y2＝－29.3029
A3＝290	B3＝420	X3＝－363.9772	Y3＝112.6620
A4＝410	B4＝330	X4＝－296.1823	Y4＝246.4673

图 13.1 例 13.1 图

例 13.2 QITA1(AB-FY)

某开发区的定位采用建筑坐标系(AB坐标系)，其坐标原点的大地坐标值为 XQ＝100，YQ＝－100，已知 A 轴在大地坐标系中的方位角为 100°（或 A 轴上某点坐标为 XA＝82.63518，YA＝－1.51922），某构筑物上有四点，其 AB 坐标值如图 13.2 所示，利用区域内控制点进行极坐标放样，设站 XO＝－200，YO＝100；后视 XH＝－100，YH＝150，计算前视距离 D 及前后视夹角 JJ，标于框内。

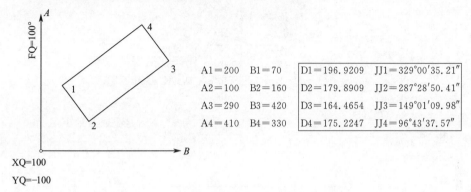

A1＝200	B1＝70	D1＝196.9209	JJ1＝329°00′35.21″
A2＝100	B2＝160	D2＝179.8909	JJ2＝287°28′50.41″
A3＝290	B3＝420	D3＝164.4654	JJ3＝149°01′09.98″
A4＝410	B4＝330	D4＝175.2247	JJ4＝96°43′37.57″

图 13.2 例 13.2 图

例 13.3　QITA1(Y-XY)

如图 13.3 所示，某圆的圆心坐标 XQ＝100，YQ＝－100；R＝100 m；起始轴 A 的方位角 FQ＝100°（或已知 A 轴上某点坐标 XA＝82.63518，YA＝－1.51922），沿圆周每 22.5°布置一点，试计算各点的坐标，标于框内（为节省篇幅，只计算－90°～90°范围内的点）。

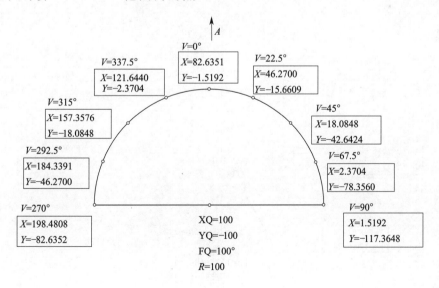

图 13.3 例 13.3 图

例 13.4 QITA1(Y-FY)

如图 13.4 所示,某圆的圆心坐标 XQ＝100,YQ＝－100;R＝100m;起始轴 A 的方位角 FQ＝100°(或已知 A 轴上某点坐标 XA＝82.63518,YA＝－1.51922),沿圆周每 22.5°布置一点。设站XO＝90,YO＝－50;后视 XH＝140,YH＝－140;试计算各点的极坐标放样数据,标于框内(为节省篇幅,只计算－90°～90°范围内的点)。

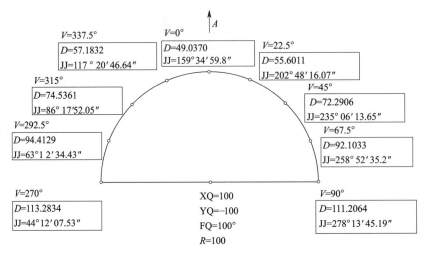

图 13.4　例 13.4 图

例 13.5 QITA1(TY-XY)

如图 13.5 所示,某椭圆的中心坐标为 XQ＝100,YQ＝－100;短半径 RA＝100m,

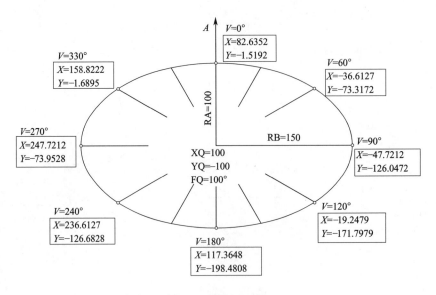

图 13.5　例 13.5 图

长半径 RB＝150m；A 轴的方位角 FQ＝100°（或已知 A 轴上某点的坐标 XA＝82.63518，YA＝－1.51922），按图示布置点，试计算各点的坐标，标于框内。

例 13.6 QITA1(TY-FY)

如图 13.6 所示，椭圆几何数据如上例，设站 $X＝150,Y＝－110$；后视 $X＝50$，$Y＝－80$，试计算极坐标放样数据，标于框内。

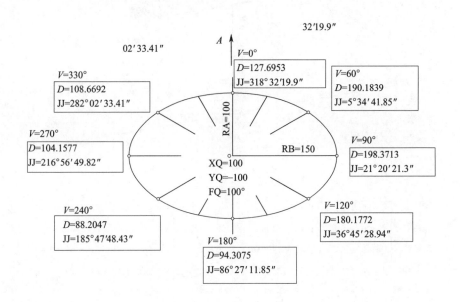

图 13.6 例 13.6 图

例 13.7 QITA1(XJTY-XY)

如图 13.7 所示为一斜交椭圆（例如斜交桥梁的护锥），设其斜交角 XJJ＝10°；设护锥顶（即椭圆中心）的坐标 XQ＝100，YQ＝－100，A 轴的方位角 FQ＝100°（或已知 A 轴上某点的坐标），A 轴方向的半径 RA＝100m；斜轴半径 RB＝150m，每 5°参数角计算一点，试计算各点的坐标（为节省篇幅，只计算－90°～90°范围）。

例 13.8 QITA1(XJTY-XY)

如图 13.8 所示为一斜交椭圆（例如斜交桥梁的护锥），设其斜交角 XJJ＝10°；设护锥顶（即椭圆中心）的坐标 XQ＝100，YQ＝－100；A 轴的方位角 FQ＝100°（或已知 A 轴上某点的坐标），A 轴方向的半径 RA＝100m；斜轴半径 RB＝150m；每 5°参数角的点需定位，设站XO＝150，YO＝－110；后视 XH＝50，YH＝－80，试计算各放样点的极坐标放样数据（为节省篇幅，只计算－90°～90°范围）。

例 13.9 QITA1(JC-XY)

如图 13.9 所示为某交叉口的一条圆弧，设该圆弧起点坐标 XQ＝100，YQ＝－100；起点的切线方位角 FQ＝100°；圆弧右转，其转角 ZJ＝95°；圆弧半径 R＝50m，需将圆弧平分为 6 段(7 点),为施工方便,测设点向路外移动 0.5m,试计算每段圆弧外移线和侧石线的中矢,并计算各测设点的坐标,标于框内。

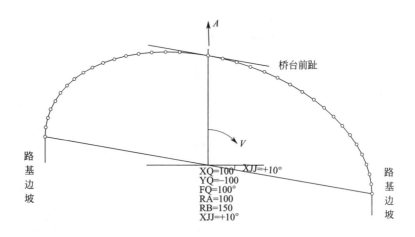

$V=0°$	$X=82.6352$	$Y=-1.5192$	$V=270°$	$X=240.9539$	$Y=-48.6970$
$V=5°$	$X=70.4163$	$Y=-6.3653$	$V=275°$	$X=238.9041$	$Y=-40.3090$
$V=10°$	$X=58.4226$	$Y=-11.9240$	$V=280°$	$X=235.7971$	$Y=-32.3754$
$V=15°$	$X=46.7453$	$Y=-18.1531$	$V=285°$	$X=231.6567$	$Y=-24.9564$
$V=20°$	$X=35.4733$	$Y=-25.0050$	$V=290°$	$X=226.5142$	$Y=-18.1085$
$V=25°$	$X=24.6924$	$Y=-32.4277$	$V=295°$	$X=220.4089$	$Y=-11.8839$
$V=30°$	$X=14.4847$	$Y=-40.3647$	$V=300°$	$X=213.3872$	$Y=-6.3299$
$V=35°$	$X=4.9277$	$Y=-48.7555$	$V=305°$	$X=205.5026$	$Y=-1.4888$
$V=40°$	$X=-3.9056$	$Y=-57.5363$	$V=310°$	$X=196.8151$	$Y=2.6026$
$V=45°$	$X=-11.9482$	$Y=-66.6403$	$V=315°$	$X=187.3907$	$Y=5.9131$
$V=50°$	$X=-19.1388$	$Y=-75.9982$	$V=320°$	$X=177.3012$	$Y=8.4176$
$V=55°$	$X=-25.4227$	$Y=-85.5387$	$V=325°$	$X=166.6234$	$Y=10.0969$
$V=60°$	$X=-30.7521$	$Y=-95.1893$	$V=330°$	$X=155.4386$	$Y=10.9384$
$V=65°$	$X=-35.0863$	$Y=-104.8766$	$V=335°$	$X=143.8318$	$Y=10.9355$
$V=70°$	$X=-38.3925$	$Y=-114.5267$	$V=340°$	$X=131.8915$	$Y=10.0883$
$V=75°$	$X=-40.6454$	$Y=-124.0662$	$V=345°$	$X=119.7084$	$Y=8.4033$
$V=80°$	$X=-41.8279$	$Y=-133.4226$	$V=350°$	$X=107.3754$	$Y=5.8933$
$V=85°$	$X=-41.9310$	$Y=-142.5246$	$V=355°$	$X=94.9862$	$Y=2.5774$
$V=90°$	$X=-40.9539$	$Y=-151.3030$	$V=360°$	$X=82.6352$	$Y=-1.5192$

图 13.7　例 13.7 图

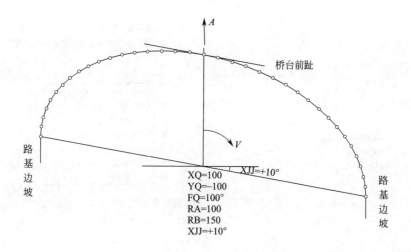

$V=0°$ $D=127.6953$ $JJ=318°32'19.90''$	$V=270°$ $D=109.6844$ $JJ=230°40'45.32''$
$V=5°$ $D=130.6664$ $JJ=324°13'14.92''$	$V=275°$ $D=112.9636$ $JJ=234°47'30.35''$
$V=10°$ $D=134.1839$ $JJ=329°44'12.28''$	$V=280°$ $D=115.7010$ $JJ=238°50'10.84''$
$V=15°$ $D=138.1933$ $JJ=335°02'44.04''$	$V=285°$ $D=117.8992$ $JJ=242°51'47.51''$
$V=20°$ $D=142.6201$ $JJ=340°07'06.96''$	$V=290°$ $D=119.5762$ $JJ=246°54'59.41''$
$V=25°$ $D=147.3752$ $JJ=344°56'22.02''$	$V=295°$ $D=120.7650$ $JJ=251°02'08.56''$
$V=30°$ $D=152.3597$ $JJ=349°30'09.41''$	$V=300°$ $D=121.5131$ $JJ=255°15'22.63''$
$V=35°$ $D=157.4702$ $JJ=353°48'41.20''$	$V=305°$ $D=121.8820$ $JJ=259°36'35.52''$
$V=40°$ $D=162.6019$ $JJ=357°52'33.28''$	$V=310°$ $D=121.9467$ $JJ=264°07'26.11''$
$V=45°$ $D=167.6523$ $JJ=1°42'37.91''$	$V=315°$ $D=121.7946$ $JJ=268°49'15.04''$
$V=50°$ $D=172.5227$ $JJ=5°19'57.46''$	$V=320°$ $D=121.5240$ $JJ=273°42'59.57''$
$V=55°$ $D=177.1200$ $JJ=8°45'39.59''$	$V=325°$ $D=121.2420$ $JJ=278°49'07.08''$
$V=60°$ $D=181.3578$ $JJ=12°00'53.79''$	$V=330°$ $D=121.0606$ $JJ=284°07'27.84''$
$V=65°$ $D=185.1572$ $JJ=15°06'49.04''$	$V=335°$ $D=121.0927$ $JJ=289°37'08.48''$
$V=70°$ $D=188.4468$ $JJ=18°04'32.42''$	$V=340°$ $D=121.4460$ $JJ=295°16'28.06''$
$V=75°$ $D=191.1636$ $JJ=20°55'08.40''$	$V=345°$ $D=122.2167$ $JJ=301°02'58.72''$
$V=80°$ $D=193.2525$ $JJ=23°39'38.61''$	$V=350°$ $D=123.4833$ $JJ=306°53'32.49''$
$V=85°$ $D=194.6673$ $JJ=26°19'01.99''$	$V=355°$ $D=125.3004$ $JJ=312°44'34.32''$
$V=90°$ $D=195.3697$ $JJ=28°54'15.16''$	$V=360°$ $D=127.6953$ $JJ=318°32'19.90''$

图 13.8 例 13.8 图

例 13.10 QITA1(JC-FY)

如图 13.10 所示,某交叉口数据如上例,设站 XO=120,YO=−120;后视 XH=50,YH=−50,试计算各点的极坐标放样数据,标于框内。

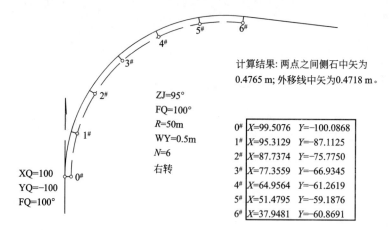

ZJ=95°
FQ=100°
R=50m
WY=0.5m
N=6
右转

XQ=100
YQ=−100
FQ=100°

计算结果: 两点之间侧石中矢为
0.4765 m; 外移线中矢为0.4718 m。

0#	X=99.5076	Y=−100.0868
1#	X=95.3129	Y=−87.1125
2#	X=87.7374	Y=−75.7750
3#	X=77.3559	Y=−66.9345
4#	X=64.9564	Y=−61.2619
5#	X=51.4795	Y=−59.1876
6#	X=37.9481	Y=−60.8691

图 13.9　例 13.9 图

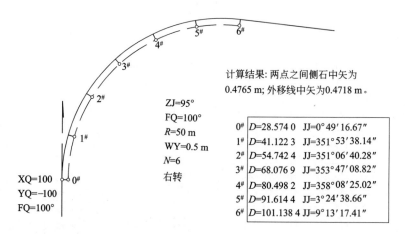

ZJ=95°
FQ=100°
R=50 m
WY=0.5 m
N=6
右转

XQ=100
YQ=−100
FQ=100°

计算结果: 两点之间侧石中矢为
0.4765 m; 外移线中矢为0.4718 m。

0#	D=28.574 0	JJ=0°49′16.67″
1#	D=41.122 3	JJ=351°53′38.14″
2#	D=54.742 4	JJ=351°06′40.28″
3#	D=68.076 9	JJ=353°47′08.82″
4#	D=80.498 2	JJ=358°08′25.02″
5#	D=91.614 4	JJ=3°24′38.66″
6#	D=101.138 4	JJ=9°13′17.41″

图 13.10　例 13.10 图

14 修正三次抛物线、悬高、弦线支距、用户坐标原点(其他 2)

本程序将修正三次抛物线路面的高程计算、悬高计算、已知圆半径及其弦长的条件下的弦线支距计算、已知圆半径及其弧长的条件下的弦线支距计算、反算用户坐标原点的大地坐标值及两坐标系的夹角等五个内容合并编制成一个程序。

14.1 修正三次抛物线、悬高、弦线支距、用户坐标原点程序正文

QITA2 JS

"HQ=1,XG=2, YSCF=3,YLCF=4,HCF=5,X0Y0=6"?Q：

If Q=1：Then Goto1：IfEnd：

If Q=2：Then Goto2：IfEnd：

If Q=3：Then Goto3：IfEnd：

If Q=4：Then Goto4：IfEnd：

If Q=5：Then Goto5：IfEnd：

If Q=6：Then Goto6：IfEnd：

Lbl1：

"HZ"?Z："HB"?P："C0"?S：Goto0 ◢

Lbl0：

?X："H="：Z-(4(X÷(2S))^(3)+X÷(2S))(Z-P)◢ Goto0 ◢

Lbl2：

"D1"?A："LJ1"?B："V1"?C："D2"?D："LJ2"?E："V2"?F：

If C<180：Then Atan(90-C)-B→Z[1]：

Else Atan(C-270)-B→Z[1]：IfEnd：

If F<180：Then Dtan(90-F)-E→Z[2]：

Else Dtan(F-270)-E→Z[2]：IfEnd：

"H2-H1="：Z[2]- Z[1]◢ Goto2 ◢

Lbl3：

?R: "C0"?S: GotoA↵

LblA:

?C: "F=":0.5($\sqrt{(4R^2-(S-2C)^2)}$- $\sqrt{(4R^2-S^2)}$)◢ GotoA↵

Lbl4:

?R: "KS"?H: "KZ"?P: GotoB↵

LblB:

?K: 2Rsin(90(K-H)÷(πR))→T:

90(P-K)÷(πR)→V:

"C=":Tcos(V)◢ "F=":T sin(V)◢ GotoB↵

Lbl5:

?R: "KH0"?A: "KHZ"?B: "KXQ"?C: "KXZ"?D:

"R=1,L=2"?E:

If E=1: Then 1→F: Else -1→F: IfEnd:

B-A→S: C-A→Z[5]: Prog"HAB":

Z[1]→Z[11]: FZ[2]→Z[12]:

D-A→Z[5]: Prog"HAB":

Z[1]→Z[13]: FZ[2]→Z[14]:

Pol(Z[13]- Z[11], Z[14]- Z[12])→Z[17]: J→Z[18]: Goto7↵

Lbl7:

?K: K-A→Z[5]: Prog"HAB":

Z[1]→Z[15]: FZ[2]→Z[16]:

(Z[15]-Z[11])cos(Z[18])+(Z[16]-Z[12])sin(Z[18])→Z[19]:

-(Z[15]-Z[11])sin(Z[18])+(Z[16]-Z[12])cos(Z[18])→Z[20]:

"C=":Z[19]◢ "F=":Z[20]◢ Goto7↵

Lbl6:

"X1"?O: "Y1"?U: "A1"?A: "B1"?B:

"X2"?X: "Y2"?Y: "A2"?C: "B2"?D:

Pol(C-A,D-B)→Z[1]: J→Z[2]:

Pol(X-O,Y-U)→Z[3]: J→Z[4]:

Z[4]-Z[2]→Z[5]:

If Z[5]<0: Then Z[5]+360→Z[5]: IfEnd:

O-Acos(Z[5])+Bsin(Z[5])→Z[6]:

U-Asin(Z[5])-Bcos(Z[5])→Z[7]:

"X0=":Z[6]◢ "Y0=":Z[7]◢ "JJ0=":Z[5]▸ DMS◢ Goto6↵

14.2 QITA2 JS(其他 2 计算)程序的使用说明

14.2.1 该程序的功能

(1)道路修正三次抛物线横断面的高程计算。

(2)悬高测量计算。

(3)圆弧以弦长为基础的弦线支距计算。

(4)圆弧以弧长为基础的弦线支距计算。

(5)缓和曲线弦线支距计算。

(6)AB 坐标系的原点坐标$(X0,Y0)$及 A 轴与 X 轴夹角 JJ0 的计算。

14.2.2 各种符号的含义

表 14.1 各种符号的含义

符 号	符号的含义	符 号	符号的含义
HQ	道路横曲线	R	圆半径
XG	悬高	C0	长弦总长
YSCF	圆以弦长为基础的弦线支距	KH0	缓和曲线起点(ZH 或 HZ)里程
YLCF	圆以弧长为基础的弦线支距	KHZ	缓和曲线终点(HY 或 YH)里程
HCF	缓和曲线弦线支距	KXQ、KXZ	弦线的起讫点里程
X0、Y0	AB 坐标系原点的大地坐标	R=1、L=2	曲线的转向
HZ	道路横断面路中心高程	C	弦起点到测点线段在长弦上的投影长度
HB	路边高程	F	测点对弦线的支距
C0	道路半宽	KS、KZ	弦起点、终点里程
X	测点离路中的距离	K	测点里程
H	计算点的高程	X1、Y1、A1、B1	第一点的 XY、AB 坐标系的坐标值
D1、D2	悬高测量中,第一、第二点离测站的水平距离	X2、Y2、A2、B2	第二点的 XY、AB 坐标系的坐标值
LJ1、LJ2	悬高测量中,第一、第二点的棱镜高	X0、Y0	AB 坐标系原点的 XY 坐标值
V1、V2	悬高测量中,第一、第二点的垂直角读数	JJ0	A 轴顺时针转到 X 轴的夹角
H2—H1	悬高测量中,第二点相对于第一点的高差		

14.2.3 操作方法

(1)进入程序。

(2)选择工作:如计算横曲线高程,则选 HQ＝1;如要进行悬高计算,则选 XG＝2;如计算以弦长为基础弦线支距,则选 YSCF＝3;如计算以弧长为基础弦线支距,则选 YLCF＝4;如计算缓和曲线的弦线支距,则选 HCF＝5;如计算 AB 坐标系原点的 XY 坐标值,则选 X0Y0＝5。

(3)各项工作的分述如下:

①道路修正三次抛物线横曲线计算(HQ＝1):输入路中、路边高程 HZ、HB;输入道路半宽 C0;输入点离路中距离 X,即显示计算点的高程 H。

②悬高计算两点的高差(XG＝2):输入测站到第一点的水平距离 D1,及其棱镜高 LJ1,竖直角 V1;输入第二点的读数 D2、LJ2、V2;即显示两点高差 H2－H1。

③已知弦长的圆弦线支距计算(YSCF＝3):输入圆半径 R、弦线总长 C0、投影长 C,即显示该点支距 F。

④已知弧长的圆弦线支距计算(YLCF＝4):输入圆半径 R、弦起点里程 KS、弦终点里程 KZ,即显示短弦投影长 C 及其支距 F。

⑤计算缓和曲线的弦线支距:输入圆半径 R、缓和曲线起点里程 KH0、缓和曲线终点里程 KHZ、弦线起点里程 KXQ、弦线终点里程 KXZ、计算点里程 K,即显示 CF 坐标系的坐标值,即弦线支距值。

⑥计算 AB 坐标原点坐标及 A 轴与 X 轴的夹角(X0Y0＝5):输入第一点在 XY 坐标系、AB 坐标系中的坐标值 X1、Y1,A1、B1;输入第二点的相关坐标值 X2、Y2,A2、B2,即显示 AB 坐标系原点在 XY 坐标系中的坐标值 X0、Y0 及 X 轴顺时针转向 A 轴的夹角 JJ0。

14.3 例 题

例 14.1 QITA2(HQ)

如图 14.1 所示为某道路的修正三次抛物线横断面,其路中高程 HZ＝4.000m,路边高程 HB＝3.8m,设路的半宽 C0＝10m,求离路中心 X1＝2.5m、X2＝5m、X3＝7.5m、X4＝10m 各点的高程,标于框内。C0 既可输入道路半宽的实际宽度也可输入等分的段数,点离路中的距离也应输入相应的值(实际距离或等分点的序号)。

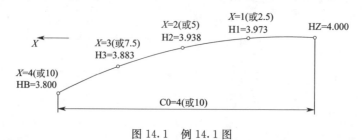

图 14.1 例 14.1 图

例 14.2 QITA2(XG)

如图 14.2 所示,求图中 1# 点与 2# 点的高差,为此,设站 P 点,观测 1# 点和 2# 点,采用的棱镜高 LJ1＝1.5m,LJ2＝1.0m;观测到的测站至目标的垂直角读数 V 和水平距离读数 D 如图(图(a)为盘左读数,图(b)为盘右读数),试计算两点高差 H2－H1;结果可知,不管用盘左观测还是用盘右观测,计算结果相同。

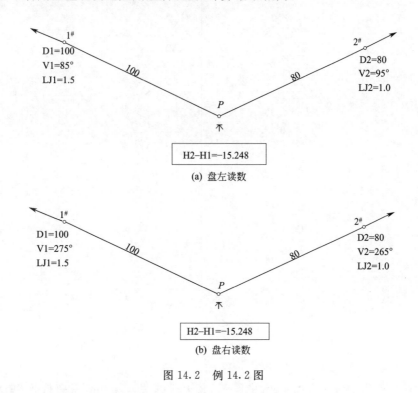

图 14.2 例 14.2 图

例 14.3 QITA2(XG)

如图 14.3 所示,设有高压电线 ZABS,S、Z 为高压线的瓷瓶,设 XS＝0,YS＝0,XZ＝1000,YZ＝0;高压线旁有两个桥墩,其离高压线最近的点为 1#、2#,为施工安全,需要测量出该两点与高压线的水平距离和垂直高差。其测量方法:设站 P,用免棱镜全站仪测 PS,PZ 的角读数为 0°和 124°、距离读数为 123m 和 94m;用 BJB 计算出 XP＝112.4223,YP＝49.9021;XZ＝192.0827,YZ＝0;测出 X1＝144,Y1＝18,X2＝90,Y2＝14;即说明水平距离 d(A～1)＝18m;d(B～2)＝14m。

由于免棱镜全站仪读不出电线的距离,所以要用程序 DJJXY JS 来计算出 PA、PB 的水平距离及其与 PS 的夹角,并标于图上;拨角度、照电线和 1#、2# 点,测距、测垂直角并标于图上;设照准 1#、2# 时棱镜高为 1m;照准 A、B 的棱镜高为 0,则 A 与 1# 高差为 6.1666m;B 与 2# 高差为 5.564m。

例 14.4 QITA2(YSCF)

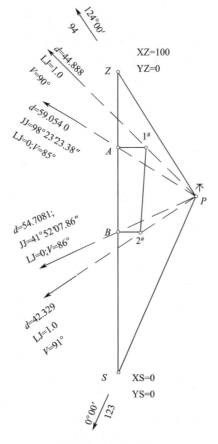

图 14.3　例 14.3 图

如图 14.4 所示为一 $R=500\text{m}$ 的圆弧，其上拉弦，弦长 50m，将弦按每 10m 等分，试计算各等分点到圆弧的垂距 F，结果如图。

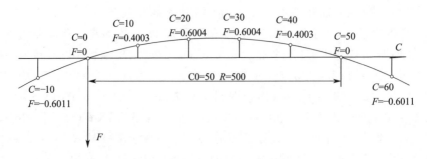

图 14.4　例 14.4 图

可见，当等分点在弦长以外时，计算结果也正确，但垂距在弦线的另一侧。

例 14.5 QITA2(YLCF)

如图 14.5 所示为一 $R=500\mathrm{m}$ 的圆弧,其上拉弦,弦的起点里程 KQ=100,弦的终点里程 KZ=150,试计算下列各里程点在弦上的投影长度 C 及其垂距 F,结果如图 14.5 所示。

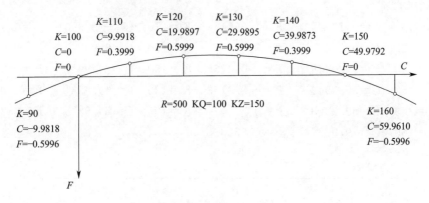

图 14.5 例 14.5 图

可见,当等分点在弦长以外时,计算结果也正确,但垂距在弦线的另一侧。

例 14.6 QITA2(HCF)

如图 14.6 所示为一右转始端缓和曲线,已知 $R=500\mathrm{m}$;缓和曲线起点里程 KH0=100;终点里程 KHZ=200;弦线起点 KXQ=120;弦线终点 KXZ=180,试计算每 10m 桩号的弦线支距。

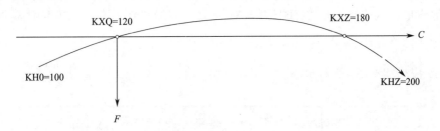

图 14.6 例 14.6 图

计算结果:

$K=100$	$C=-19.9929$	$F=0.5333$	$K=110$	$C=-9.9967$	$F=0.2566$
$K=120$	$C=0$	$F=0$	$K=130$	$C=9.9976$	$F=-0.2166$
$K=140$	$C=19.9964$	$F=-0.3733$	$K=150$	$C=29.9961$	$F=-0.4500$
$K=160$	$C=39.9960$	$F=-0.4266$	$K=170$	$C=49.9949$	$F=-0.2833$
$K=180$	$C=59.9908$	$F=0$	$K=190$	$C=69.9808$	$F=0.4432$
$K=200$	$C=79.9613$	$F=1.0661$			

例 14.7 QITA2(HCF)

如图 14.7 所示为一右转终端缓和曲线,已知 $R=500\text{m}$;缓和曲线起点里程 KH0 $=$ 200;终点里程 KHZ $=100$;弦线起点 KXQ $=120$;弦线终点 KXZ $=180$,试计算每 10m 桩号的弦线支距。

计算结果:

$K=100$	$C=-19.9704$	$F=1.0661$	$K=110$	$C=-9.9901$	$F=0.4432$
$K=120$	$C=0$	$F=0$	$K=130$	$C=9.9959$	$F=-0.2833$
$K=140$	$C=19.9948$	$F=-0.4266$	$K=150$	$C=29.9947$	$F=-0.4500$
$K=160$	$C=39.9944$	$F=-0.3733$	$K=170$	$C=49.9931$	$F=-0.2166$
$K=180$	$C=59.9908$	$F=0$	$K=190$	$C=69.9875$	$F=0.2566$
$K=200$	$C=79.9837$	$F=0.5333$			

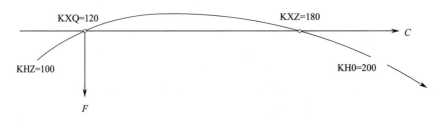

图 14.7　例 14.7 图

例 14.8 QITA2(HCF)

如图 14.8 所示为一左转始端缓和曲线,已知 $R=500\text{m}$;缓和曲线起点里程 KH0 $=$ 100;终点里程 KHZ $=200$;弦线起点 KXQ $=120$;弦线终点 KXZ $=180$,试计算每 10m 桩号的弦线支距。

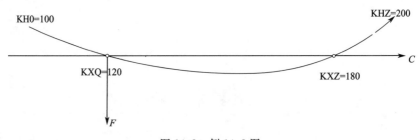

图 14.8　例 14.8 图

计算结果:

$K=100$	$C=-19.9929$	$F=-0.5333$	$K=110$	$C=-9.9967$	$F=-0.2566$
$K=120$	$C=0$	$F=0$	$K=130$	$C=9.9976$	$F=0.2166$
$K=140$	$C=19.9964$	$F=0.3733$	$K=150$	$C=29.9961$	$F=0.4500$
$K=160$	$C=39.9960$	$F=0.4266$	$K=170$	$C=49.9949$	$F=0.2833$

$K=180$ $C=59.9908$ $F=0$ $K=190$ $C=69.9808$ $F=-0.4432$

$K=200$ $C=79.9613$ $F=-1.0661$

例 14.9 QITA2(HCF)

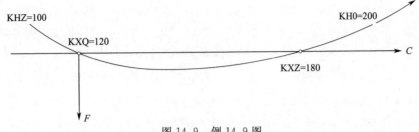

图 14.9 例 14.9 图

如图 14.9 所示为一左转终端缓和曲线,已知 $R=500$m;缓和曲线起点里程 KH0=200;终点里程 KHZ=100;弦线起点 KXQ=120;弦线终点 KXZ=180,试计算每 10m 桩号的弦线支距。

计算结果:

$K=100$ $C=-19.9704$ $F=-1.0661$ $K=110$ $C=-9.9901$ $F=-0.4432$

$K=120$ $C=0$ $F=0$ $K=130$ $C=9.9959$ $F=0.2833$

$K=140$ $C=19.9948$ $F=0.4266$ $K=150$ $C=29.9947$ $F=0.4500$

$K=160$ $C=39.9944$ $F=0.3733$ $K=170$ $C=49.9931$ $F=0.2166$

$K=180$ $C=59.9908$ $F=0$ $K=190$ $C=69.9875$ $F=-0.2566$

$K=200$ $C=79.9837$ $F=-0.5333$

例 14.10 QITA2(X0Y0)

如图 14.10 所示,有 1# 、2# 两点,已知它们在 XY 坐标系和 AB 坐标系中的坐标值分别为 X1$=-913.0478$,Y1$=-989.4313$;A1$=300$,B1$=-150$;X2$=-767.8651$,Y2$=-1467.9937$;A2$=800$,B2$=-140$,试计算 AB 坐标系的原点在 XY 坐标系中的坐标值 X0、Y0 及 A 轴在在 XY 坐标系中的方位角 JJ0,并根据该换算关系,进行坐标换算($AB{\rightarrow}XY$;$XY{\rightarrow}AB$),标于框内。

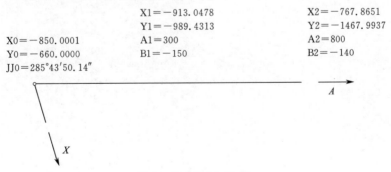

图 14.10 例 14.10 图

计算结果如下：

$AB \rightarrow XY$：

$A=100$	$B=-100$	$X=-919.1433$	$Y=-783.3662$
$A=-100$	$B=100$	$X=-780.8567$	$Y=-536.6338$
$A=200$	$B=-200$	$X=-988.2865$	$Y=-906.7323$
$A=-200$	$B=200$	$X=-711.7135$	$Y=-413.2677$
$A=300$	$B=-300$	$X=-1057.4298$	$Y=-1030.0985$
$A=-300$	$B=300$	$X=-642.5702$	$Y=-289.9015$

$XY \rightarrow AB$：

$A=100$	$B=-100$	$X=-919.1433$	$Y=-783.3662$
$A=-100$	$B=100$	$X=-780.8567$	$Y=-536.6338$
$A=200$	$B=-200$	$X=-988.2865$	$Y=-906.7323$
$A=-200$	$B=200$	$X=-711.7135$	$Y=-413.2677$
$A=300$	$B=-300$	$X=-1057.4298$	$Y=-1030.0985$
$A=-300$	$B=300$	$X=-642.5702$	$Y=-289.9015$

15 钢绞线伸长、矩形基坑体积、钢筋表、定澜桥高程、交叉口面积、二次抛物线梁高(QITA 3)

本程序将钢绞线张拉时伸长量计算、矩形基坑体积计算、钢筋表、定澜桥高程计算、交叉口面积计算、二次抛物线梁高计算等 6 个内容合并成一个程序。

15.1 钢绞线伸长等程序正文

QITA3

ClrStat：0→Z[10]：

"GJXSC=1，JKV=2，GJB=3，DLQH=4，JCMJ=5，P2LG=6"?Q：

If Q=1：Then Goto1：IfEnd：

If Q=2：Then Goto2：IfEnd：

If Q=3：Then Goto3：IfEnd：

If Q=4：Then Goto4：IfEnd：

If Q=5：Then Goto5：IfEnd：

If Q=6：Then Goto6：IfEnd：

Lbl1：

"KP"?K："MC"?M："TXML(E)"?E：

"KZYL(MP)"?A："DS(N)"?N：

0→X：A→Y」

Lbl0：

Z[10]+1→Z[10]：

"CD(M)"?L："ZJ"?V：

e^(-(KL+πMV÷180))→I：

YI→Z：(Z+Y)÷2→W：

WL÷E→P：P+X→X：Z→Y：

Z→ListX[Z[10]]：P→ListY[Z[10]]：

Dsz N：Goto0」

"ZSC=":X◢ "2×ZSC=":2X◢ "ZYL=":Z◢ Goto1」

Lbl2：

?H：“A1”?A：“B1”?B：“A2”?C：“B2”?D：

“V＝”:H(AB+CD+(A+C)(B+D))÷6▲ Goto2↵

Lbl3：

“D(MM)”?D：“MM^2＝”:πD^2÷4▲

“P(T)＝”:235πD^2÷4÷(9.81×1000)▲

“KG÷M＝”:7850π(D÷1000)^2÷4▲ Goto3↵

Lbl4：

“ZJU”?N：“HJU”?E：

tan^{-1}((N-45.5)÷(2499.58592-E))→A：

614.6745+2500Aπ÷180→K：

2500-(2499.58592-E)÷cos(A)→B：

If K≤584.671：Then

6.88478+0.025004(K-584.671)→P：GotoA：IfEnd：

If K＞584.671 And K≤644.679：Then

6.88478+0.025004(K-584.671)-(K-584.671)^(2)÷2400→P：

GotoA：IfEnd：

If K＞644.679：Then

6.88482-0.025003(K-644.679)→P：

GotoA：IfEnd↵

LblA：

P-0.015Abs(B)→H：H-1.85→W:“K＝”:K▲

“B＝”:B▲ “HLM＝”:H▲ “HLD＝”:W▲ Goto4↵

Lbl5：

?R：“ZJ”?V：

“A＝”:R^(2)tan(0.5V)-πR^(2)V÷360▲ Goto5↵

Lbl6：

“HKZ”?A：“HKD”?B：

“KKZ”?C：“KKD”?D：

(B-A)÷(D-C)^2→E：“A＝”:E▲ GotoC↵

LblC：

?K：“HK＝”:A+E(K-C)^2▲ GotoC↵

15.2 QITA3 JS(其他3)程序的使用说明

15.2.1 该程序功能

(1)在已知孔道摩擦系数 MC、孔道偏差系数 KP、钢绞线弹性模量 TXML(E)、张拉控制应力 KZYL(MP)、线段数量 DS(N)及各段长度 CD(M)、转角 ZJ 的情况下,计算钢绞线的伸长量。

(2)在已知矩形基坑的上下底长宽及基坑深度 H 的条件下计算基坑的体积。

(3)根据直径,计算钢筋断面积、每米公斤重、Ⅰ级钢的标准抗拉吨位。

(4)定澜路桥的路面、梁面、梁底高程(定澜桥仅仅是一座特定的桥,主要想通过该桥的高程计算,介绍解决类似问题的方法和途径)。

(5)计算切线与圆弧之间包含的面积(交叉口面积计算用)。

(6)二次抛物线梁高计算。

15.2.2 各符号含义(表 15.1)

表 15.1 各种符号的含义

符　号	符号的含义	符　号	符号的含义
GJXSC	钢绞线伸长量	A1、B1、A2、B2	矩形基坑上下底的尺寸
JKV	矩形基坑的体积	V	基坑的体积
DLQH	定澜路桥高程	钢筋表中,D(MM)	钢筋直径(mm)
JCMJ	交叉口面积	MM²	钢筋断面积
P2LG	二次抛物线梁高;在钢绞线伸长量计算时	P(T)	一级钢标准抗拉吨位
KP	孔道偏差的影响系数 μ	KG÷M	每米重(kg)
MC	孔道摩擦影响系数 K	在定澜路桥高程计算中,ZJU	纵距
TXML(E)	钢绞线的弹性模量	HJU	横距
KZYL(MP)	张拉控制应力(MP)	K、B	该点的相应里程和垂距
DS(N)	不同曲率的钢绞线段数	HLM、HLD	路面高程和梁底高程
CD(M)	该段钢绞线长度(m)	在二次抛物线梁高计算中,HKZ	跨中的梁高(最小截面高)
ZJ	该段钢绞线的夹角,(以度分秒为单位)	HKD	跨端的梁高(最大截面高)
ZSC(M)	总伸长量,一般指对称轴一侧的伸长量	KKZ	跨中的里程
2×ZSC	两倍总伸长量	KKD	跨端的里程
ZYL	终端应力	A	二次项的系数
H	矩形基坑的深度	HK	K 里程的梁高

15.2.3 操作方法

(1)进入程序。

（2）根据提示，选择所要进行的工作：如要计算钢绞线张拉时的伸长量，则选择 GJXSC＝1；如要计算矩形基坑的体积，则选择 JKV＝2；如要查阅钢筋的断面积、一级钢的抗拉力，则选择 GJB＝3；如要计算定澜路桥的高程，则选择 DLQH＝4；如要计算交叉口的面积（指两切线与圆弧所包围的面积），则选择 JCMJ＝5；如要计算二次抛物线梁的断面高，则选择 P2LG＝6。

（3）各项工作分述如下：

①钢绞线张拉时的伸长量计算：输入孔道偏差影响系数 KP 及孔道摩擦系数 MC（根据规范或图纸来取值）；输入钢绞线弹性模量（E，根据实验取值）；输入张拉控制应力 KZYL（MP，一般取标准强度的 0.75）；输入钢绞线段数 DS（N，以一条直线或一条曲线为一段）；输入每段钢绞线的长度 CD（M）和夹角 JJ（有几段就输几组数据），显示对称轴一侧的总伸长量 ZSC（M）、两倍伸长量 $2×$ZSC（M）、终端应力 ZYL。如需要每段钢绞线的终端应力和伸长量，可翻阅记录数据，Z 为各段终端应力，其单位为 MP，P 为各段伸长量（m）。

②矩形基坑体积计算：输入基坑深度 H、上下底长宽 A1、B1、A2、B2，即显示基坑体积 V。

③钢筋表：输入钢筋直径 D，即显示钢筋断面积、每米重、抗拉力（Ⅰ级钢）。

④定澜路桥的高程：输入纵距 ZJU（$0^{\#}$ 台分跨线为起点）、横距 HJU（桥纵向中线为 0，左负右正），即显示该点的路面高程 HLM、梁底高程 HLD。

⑤交叉口面积计算：输入圆弧半径 R 及其圆心角 ZJ，即显示切线与圆弧所包围的面积 A。

⑥二次抛物线梁高：输入跨中梁高 HKZ、跨端梁高 HKD、跨中里程 KKZ、跨端里程 KKD，即显示方程的二次项系数 A；输入里程 K，即显示该里程梁的断面高 HK。

15.3　例　　题

例 15.1　QITA3(GJXSCJS)

如图 15.1 所示为一预应力钢绞线，已知控制张拉应力 KZYL＝1395MP，钢绞线弹性模量 TXML＝$1.95×10^{5}$，设孔道偏差影响系数 KP＝0.001，孔道摩擦系数 MC＝0.25，试计算钢绞线各段的终端应力 σ_z、各段伸长量 ΔD、总伸长量 ZSC（对称轴一侧的伸长量）和 2 倍总伸长 2ZSC（整根钢绞线的总伸长量）。

计算结果：对称轴一侧的总伸长 ZSC＝0.3344，整根钢绞线的总伸长量 2ZSC＝0.6687；钢绞线各段的终端应力 σ_z、各段伸长量 ΔD 是通过翻阅记录标于图 15.1 上。

例 15.2　QITA3(JKV)

如图 15.2 所示为某上下底都是矩形的基坑平面图，设基坑深 6m；下底 6m×5m；上底 12m×8m，试推导矩形基坑土方计算公式，并计算该基坑的体积。

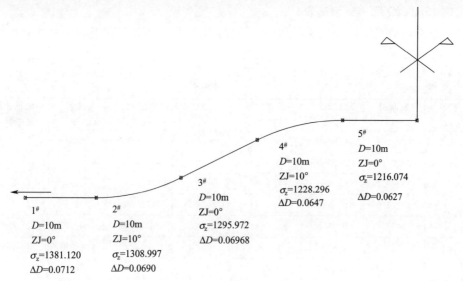

图 15.1　例 15.1 图

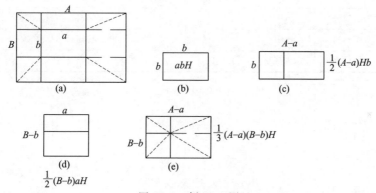

图 15.2　例 15.2 图

计算结果：$V = abH + \dfrac{1}{2}(A-a)Hb + \dfrac{1}{2}(B-b)aH + \dfrac{1}{3}(A-a)(B-b)H$

$$V = abH + \frac{1}{2}AbH - \frac{1}{2}abH + \frac{1}{2}BaH - \frac{1}{2}abH + \frac{1}{3}ABH +$$

$$\frac{1}{3}abH - \frac{1}{3}AbH - \frac{1}{3}BaH$$

$$= \frac{1}{3}abH + \frac{1}{3}ABH + \frac{1}{6}AbH + \frac{1}{6}BaH$$

$$= \frac{1}{6}H(2AB + 2ab + Ab + Ba)$$

$$= \frac{1}{6}H(AB + ab + (A+a)(B+b))$$

$$= 360°$$

例 15.3 QTTA3(钢筋表)

列出钢筋的直径(mm)、断面积(mm²)、每米重(kg)、一级钢的标准抗拉力(t),见表 15.2。

表 15.2 钢筋表

直径 (mm)	断面积 (mm²)	每米重 (kg/m)	一级钢的标准 抗拉力(t)	直径 (mm)	断面积 (mm²)	每米重 (kg/m)	一级钢的标准 抗拉力(t)
4	12.5664	0.09864	0.3010	28	615.7522	4.8337	14.7504
6	28.2743	0.2220	6.6773	30	706.8583	5.5488	16.9329
6.5	33.1831	0.2605	0.7949	32	804.2477	6.3133	19.2659
8	50.2655	0.3946	1.2041	34	907.9203	7.1272	21.7494
10	78.5398	0.6165	1.8814	36	1017.8760	7.9903	24.3834
12	113.0973	0.8878	2.7093	38	1134.1149	8.9028	27.1679
14	153.9380	1.2084	3.6876	40	1256.6371	9.8646	30.1029
16	201.0619	1.5783	4.8165	42	1385.4424	10.8757	33.1885
18	254.4690	1.9976	6.0958	45	1590.4313	12.4849	38.0990
20	314.1593	2.4662	7.5257	48	1809.5574	14.2050	43.3482
22	380.1327	2.9840	9.1061	50	1963.4954	15.4134	47.0358
25	490.8739	3.8534	11.7590				

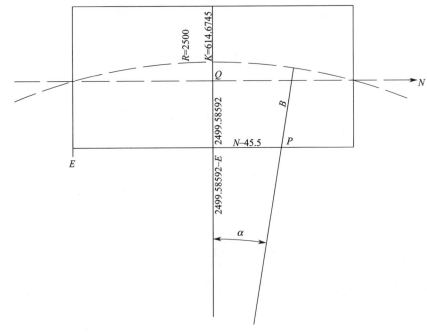

图 15.3 例 15.4 图

例 15.4 试编制定澜路桥的路面、梁面、梁底高程的计算程序;并计算下列各点的路面高程,标于框内。

本桥位于 $R=2500$ 的曲线上;中心里程 614.6745;桥长 91m,设计为弦线法布置,即以两桥台分跨线的道路中心拉一根弦作为梁中心线,曲桥直做。当弦长为 91m 时,中矢为 0.41408m;设桥的纵横坐标为 N、E;圆心(O)至桥中心(Q)距离为 2499.58592m;设桥上 P 点,可知 $\alpha=\arctan((N-45.5)/(2499.58592-E))$;然后计算 P 点的里程 K 及其到路中的垂距 B:

$$K=614.6745+2500\alpha\pi\div180;B=2500-(2499.5859-E)\div\cos\alpha$$

然后根据道路竖曲线来计算各点的高程;编制程序如下:

$N=0$	$E=-20$	$H=6.206$
$N=0$	$E=0$	$H=6.497$
$N=0$	$E=20$	$H=6.188$
$N=20$	$E=-20$	$H=6.697$

$N=20$	$E=0$	$H=6.985$
$N=20$	$E=20$	$H=6.680$
$N=40$	$E=-20$	$H=6.954$
$N=40$	$E=0$	$H=7.241$
$N=40$	$E=20$	$H=6.941$
$N=60$	$E=-20$	$H=6.879$
$N=60$	$E=0$	$H=7.167$
$N=60$	$E=20$	$H=6.865$
$N=80$	$E=-20$	$H=6.482$
$N=80$	$E=0$	$H=6.770$
$N=80$	$E=20$	$H=6.463$
$N=91$	$E=-20$	$H=6.206$
$N=91$	$E=0$	$H=6.497$
$N=91$	$E=20$	$H=6.188$

DLQH

Lbl0:"ZJU"?N:"HJU"?E: $\tan^{-1}$((N-45.5)÷(2499.58592-E))→A:614.6745+2500 Aπ÷180→K:2500-(2499.58592-E)÷cos(A)→B:

If K≤584.671:Then 6.84478+0.025004(K-584.671)→P:Goto1:

IfEnd:If K＞584.671 And K≤644.679:Then 6.84478+0.025004(K-584.671)-(K-584.671)^2÷2400→P:Goto1:

IfEnd:If K＞644.679 Then 6.88482-0.025003((K-644.679)→P:

Goto1：IfEnd↵

Lbl1：P-0.015Abs(B)→H：H-1.85→Q："K="：K◢ "B="：B◢

"HLM="：H◢ "HLD="：Q◢ Goto0↵

例 15.5 QITA3(P2LG)

如图 15.4 所示为一二次抛物线梁,设跨中梁高 HKZ＝2.00m,跨端梁高 HKD＝4.0m,跨中里程 KKZ＝100m,跨端里程 KKD＝60m(或 140m),计算梁的二次项系数、每 4m 一点的梁高,标于框内。

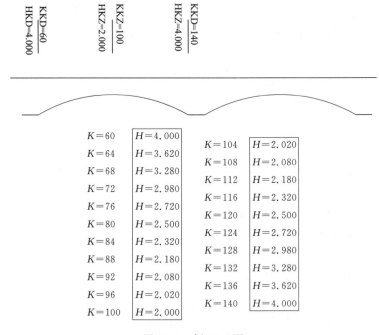

KKD=60
HKD=4.000

KKZ=100
HKZ=2.000

KKD=140
HKZ=4.000

$K=60$	$H=4.000$		$K=104$	$H=2.020$
$K=64$	$H=3.620$		$K=108$	$H=2.080$
$K=68$	$H=3.280$		$K=112$	$H=2.180$
$K=72$	$H=2.980$		$K=116$	$H=2.320$
$K=76$	$H=2.720$		$K=120$	$H=2.500$
$K=80$	$H=2.500$		$K=124$	$H=2.720$
$K=84$	$H=2.320$		$K=128$	$H=2.980$
$K=88$	$H=2.180$		$K=132$	$H=3.280$
$K=92$	$H=2.080$		$K=136$	$H=3.620$
$K=96$	$H=2.020$		$K=140$	$H=4.000$
$K=100$	$H=2.000$			

图 15.4 例 15.5 图

计算结果,二次项系数为 0.00125。

16　子程序及其解读

在编制程序过程中,有些内容需要反复使用。例如,设站点到后视点的距离、方位角;又如缓和曲线地段和圆曲线地段的切线坐标;再如道路平面计算中各条曲线的参数(曲线起讫点的坐标、方位角、里程)等等。为了节省编程的篇幅、计算器容量和输入工作量,编制若干子程序,供运算时反复多次调用,现将所用的 9 个子程序编录如下。

16.1　D(子程序)

16.1.1　程序正文

Pol(X-O,Y-U):J-Z[7]→Z[24]:

If Z[24]<0:Then Z[24]+360→Z[24]:IfEnd↵

16.1.2　子程序 D 的说明

在很多程序中都需要进行极坐标放样计算,计算出测站(X0,Y0)到测设点(X,Y)的距离 D 和后视(XH,YH)方向(测站到后视点的方向)顺时针旋转到前视方向(测站到测设点的方向)之间的夹角 JJ,本程序供编程时反复调用。程序中,J 是前视方位角、Z[7]是后视方位角(由子程序 K 计算),子程序 K 和子程序 D 是两个联用的子程序。相关符号的含义及其输入法,已在主程序说明中介绍。

16.2　E(子程序)

16.2.1　程序正文

"XZQ"?C:"YZQ"?E:"FZQ"?G:"KZQ"?H:

"XQZ"?T:"YQZ"?L:"FQZ"?M:"KQZ"?P:

If G<0:Then G+360→G:IfEnd:

If M<0:Then M+360→M:IfEnd:

M-G→Z[17]:

If Z[17]<-180:Then Z[17]+360→Z[17]:IfEnd:

If Z[17]<0:Then -1→Z[9]:Else 1→Z[9]:IfEnd:

?R:"S1"?F:"S2"?D↵

16.2.2 子程序 E 的说明

在编制曲线测设的程序时,需要输入曲线控制点的有关数据,如曲线起点(ZY 或 ZH)的坐标(XZQ、YZQ)、方位角(FZQ)、里程(KZQ);曲线终点(HZ 或 YZ)的坐标(XQZ、YQZ)、方位角(FQZ)、里程(KQZ);曲线半径 R;始端缓和曲线的长度 S1、终端缓和曲线的长度 S2,并需要计算曲线的转角 ZJ,还要判别曲线是左转还是右转(如右转则 $Z[9]=1$,如左转则 $Z[9]=-1$)。通过本程序计算后供有关主程序随时调用,相关符号的含义及其输入法,已在主程序说明中介绍。对于已经编制引导程序的道路,上述数据已经编入,供计算时随时调用。引导程序的内容包括了曲线起讫点的数据、半径、缓和曲线的长度、曲线的转向。

16.3 HAB(子程序)

16.3.1 程序正文

If S=0:Then Goto1:Else Goto2:IfEnd↲
Lbl1:
0→Z[1]:0→Z[2]:0→Z[6]:Goto3↲
Lbl2:
$Z[5]-Z[5]^{\wedge}(5)\div(40R^2S^2)+Z[5]^{\wedge}(9)\div(3456R^{\wedge}(4)S^{\wedge}(4))$
$-Z[5]^{\wedge}(13)\div(599040R^{\wedge}(6)S^{\wedge}(6))\rightarrow Z[1]:$
$Z[5]^{\wedge}(3)\div(6RS)-Z[5]^{\wedge}(7)\div(336R^{\wedge}(3)S^{\wedge}(3))$
$+Z[5]^{\wedge}(11)\div(42240R^{\wedge}(5)S^{\wedge}(5))\rightarrow Z[2]:$
$90Z[5]^2\div(\pi RS)\rightarrow Z[6]:Goto3$↲
Lbl3↲

16.3.2 子程序 HAB 的说明

本子程序用于计算基本型曲线的缓和曲线部分的切线坐标(如要计算大地坐标,还需要进行坐标变换),坐标原点是 ZH 点或 HZ 点,坐标轴 A 的正方向为道路前进方向;$Z[5]$ 为计算点到坐标原点的曲线长(由主程序提供),$Z[1]$ 为 A 坐标值;$Z[2]$ 为 B 坐标值,B 坐标为绝对值,其正负号由主程序决定;$Z[6]$ 为 $Z[5]$ 这段曲线所包含的名义圆心角。计算出 $Z[1]$、$Z[2]$、$Z[6]$ 后,供有关主程序随时调用;相关符号的含义及其输入法,已在主程序说明中介绍。

16.4 YAB(子程序)

16.4.1 程序正文

F→S:180(K-H-0.5S)÷(πR)→Z[6]:

$Rsin(Z[6])+0.5S-S^{\wedge}(3)\div(240R^2)+S^{\wedge}(5)\div(34560R^{\wedge}(4))\rightarrow Z[1]$：

$R(1-cos(Z[6]))+S^2\div(24R)-S^{\wedge}(4)\div(2688R^{\wedge}(3))\rightarrow Z[2]$」

16.4.2　子程序 YAB 的说明

本子程序用于计算基本型曲线的圆曲线部分计算点的切线坐标(如要计算大地坐标,还需要进行坐标变换),坐标原点是 ZH 点;坐标轴 A 的正方向为道路前进方向;程序中,K 为计算点里程、H 为 ZH 点的里程、R 为圆曲线半径、$Z[1]$ 为计算点的 A 坐标值、$Z[2]$ 为其 B 坐标值,B 坐标为绝对值,其正负号由主程序决定;$Z[6]$ 为从 ZH 点到计算点 K 的曲线长$(K-H-0.5S)$所包含的转角。计算出 $Z[1]$、$Z[2]$、$Z[6]$ 后供有关之程序随时调用,相关符号的含义及其输入法,已在主程序说明中介绍。程序中 $0.5S-S^{\wedge}(3)\div(240R^2)+S^{\wedge}(5)\div(34560R^{\wedge}(4))$ 为缓和曲线的切垂距 M;式中 $S^2\div(24R)-S^{\wedge}(4)\div(2688R^{\wedge}(3))$ 为缓和曲线的内移距 P。

16.5　HYS(子程序)

16.5.1　程序正文

$S-S^{\wedge}(3)\div(40R^{\wedge}(2))+S^{\wedge}(5)\div(3456R^{\wedge}(4))-S^{\wedge}(7)\div(599040R^{\wedge}(6))\rightarrow Z[1]$：

$S^{\wedge}(2)\div(6R)-S^{\wedge}(4)\div(336R^{\wedge}(3))+S^{\wedge}(6)\div(42240R^{\wedge}(5))\rightarrow Z[2]$：

$Pol(Z[1],Z[2])\rightarrow Z[3]$；$J\rightarrow Z[8]$：

$90S\div(\pi R)\rightarrow Z[4]$：$Z[4]-J\rightarrow Z[5]$：

$S^{\wedge}(2)\div(24R)-S^{\wedge}(4)\div(2688R^{\wedge}(3))\rightarrow Z[6]$：

$0.5S-S^{\wedge}(3)\div(240R^{\wedge}(2))+S^{\wedge}(5)\div(34560R^{\wedge}(4))\rightarrow Z[7]$」

16.5.2　子程序 HYS 的说明

本子程序供复曲线设计时反复调用,程序中,S 为缓和曲线的原始长度;R 为圆曲线半径;$Z[1]$、$Z[2]$ 为缓和曲线终点的切线坐标,即 X0、Y0;$Z[3]$ 为缓和曲线的弦长;$Z[8]$ 为缓和曲线的总偏角;$Z[4]$ 为缓和曲线角;$Z[5]$ 为反偏角;$Z[6]$ 为圆内移距;$Z[7]$ 为切垂距。

16.6　Z+Q(子程序)

16.6.1　程序正文

If K<H：Then Goto1：IfEnd：

If K≥H And K<H+F：Then Goto2：IfEnd：

If K≥H+F And K<P-D：Then Goto3：IfEnd：

If K≥P-D And K<P：Then Goto4：IfEnd：

If K≥P：Then Goto5：IfEnd↵

Lbl1：

K-H→Z[1]：0→Z[2]：G→Z[8]：Goto6↵

Lbl2：

K-H→Z[5]：F→S：Prog"HAB"：

G+Z[9]Z[6]→Z[8]：Goto6↵

Lbl3：

Prog"YAB"：G+Z[9]Z[6]→Z[8]：Goto6↵

Lbl4：

K-P→Z[5]：-D→S：Prog"HAB"：

M+Z[9]Z[6]→Z[8]：Goto7↵

Lbl5：

K-P→Z[1]：0→Z[2]：M→Z[8]：Goto7↵

Lbl6：

C+Z[1]cos(G)-Z[9]Z[2]sin(G)→Z[3]：

E+Z[1]sin(G)+Z[9]Z[2]cos(G)→Z[4]：Goto8↵

Lbl7：

T+Z[1]cos(M)-Z[9]Z[2]sin(M)→Z[3]：

L+Z[1]sin(M)+Z[9]Z[2]cos(M)→Z[4]：Goto8↵

Lbl8：

Z[3]-Bsin(Z[8])→X：

Z[4]+Bcos(Z[8])→Y：

16.6.2　子程序 Z+Q 的说明

在使用 Prog"E"，即输入曲线控制点的相关数据的基础上，进入本程序以计算道路相关点的大地坐标，其计算范围包括：ZH 或 ZY 点之前的始端直线、始端缓和曲线、中间圆曲线、终端缓和曲线、HZ 或 YZ 之后的终端直线，并分别在 Lbl1～ Lbl5 中计算各自中线的 A 坐标Z[1]、B 坐标 Z[2]、大地坐标的切线方位角 Z[8]；Lbl6 计算的是始端直线、始端缓和曲线、中间圆曲线的路中心的大地坐标；Lbl7 计算的是终端缓和曲线、终端直线路中的大地坐标；Lbl8 计算的是 K 里程，离路中垂距为 B 的点的大地坐标。这些数据供相关程序随时调用，相关符号的含义及其输入法，已在主程序说明中介绍。

16.7　K(子程序)

16.7.1　程序正文

"XO"?O："YO"?U：

"XYH＝1,FH＝2"? →Z[70]：

If Z[70]＝2：Then "FH"?→Z[7]：

Else "XH"?W："YH"?Z：

Pol(W-O,Z-U)：J→Z[7]："DOH＝"：I◢ IfEnd◢

If Z[7]＞180：Then Z[7]-360→Z[7]：IfEnd◢

16.7.2 子程序 K 的说明

经常需要进行极坐标放样计算,所以首先要求后视方位角 J。本子程序就是用于计算后视方位角 J(当已知后视点坐标时,还可计算后视距离,以供测设时校核);(XO,YO)为测站点的坐标;FH 为已知后视方位角的条件或后视方位角的数值;(XH,YH)为后视点的坐标;I 为后视距离;J(Z[7])为后视方位角($-180°\sim180°$);计算出 I、J 后供主程序随时调用;相关符号的含义及其输入法已在主程序说明中介绍。

16.8 PD(子程序)

16.8.1 程序正文

If Q＝0：Then GotoZ：IfEnd：

If Q＝1：Then Goto1：IfEnd：

If Q＝2：Then Goto2：IfEnd：

If Q＝3：Then Goto3：IfEnd：……◢

……

Lbl1：

If K≤1038.2943：Then GotoA：IfEnd：

If K＞1038.2943 And K≤1466.7930：Then GotoB：IfEnd：

If K＞1466.7930 And K≤1874.2844：Then GotoC：IfEnd：

If K＞1874.2844 And K≤2096.2884：Then GotoD：IfEnd：

If K＞2096.2884：Then GotoE：IfEnd◢

LblA：

27656.1590→C：35208.0504→E：133°25′29.97″→G：

861.1397→H：27542.2540→T：35343.5972→L：126°39′29.46″→M：

1038.2943→P：1500→R：0→F：0→D：-1→Z[9]：GotoZ◢

LblB：

27542.2540→C：35343.5972→E：126°39′29.46″→G：

1038.2943→H：27241.1232→T：35646.3944→L：143°01′32.31″→M：

1466.7930→P：1500→R：0→F：0→D：1→Z[9]：GotoZ◢

......

Lbl2：......

......

LblZ⌋

16.8.2 子程序 PD 的说明

本子程序是一个道路平面引导程序,是道路平面计算程序 Prog"DLPM JS"的数据库,供道路平面计算程序随时反复调用。本程序可包括 9 条道路,容纳 25 条平面曲线;每条道路用标签 Lbl1、Lbl2、Lbl3…区分;每条平面曲线用标签 LblA、LblB、LblC…区分。对每条道路预先要划分段落,每个段落含一条平面曲线并注明其计算范围的起讫点里程。对每条平面曲线,输入该曲线的相关数据,如 LblA 是东滩三期北线(共有 A、B、C、D、E 五条曲线)的第一条平面曲线,其计算范围是 K0＋000～K1＋038.2943(K1＋038.2943 是反向曲线的公切点)。该平面曲线 ZY 和 YZ 点的坐标、方位角、里程;XZQ＝27656.1590;YZQ＝35208.0504;FZQ＝133°25′29.97″;KZQ＝861.1397;XQZ＝27542.2540;YQZ＝35343.5972;FQZ＝126°39′29.46″;KQZ＝1038.2943;曲线半径 R＝1500m;始端缓和曲线 S1＝0;终端缓和曲线 S2＝0;转向为左转。本子程序可根据工程进展改动,把已竣工的删除,把新建工程添加进去,或用新工程替代竣工的工程。总之,本程序的路名与主程序 Prog"DLPM JS"的关系要一一对应;相关符号的含义及其输入法已在主程序说明中介绍。

16.9 HD(子程序)

16.9.1 程序正文

If Q＝0：Then GotoZ：IfEnd：

If Q＝1：Then Goto1：IfEnd：

If Q＝2：Then Goto2：IfEnd：

If Q＝3：Then Goto3：IfEnd：......⌋

Lbl1：......⌋

......

Lbl3：

If K≤160：Then GotoK：IfEnd：

If K＞160 And K≤280：Then GotoL：IfEnd：

If K＞280 And K≤380：Then GotoM：IfEnd：

If K＞380 And K≤500：Then GotoN：IfEnd：

If K＞500 And K≤720：Then GotoO：IfEnd：

If K＞720 And K≤1000：Then GotoP：IfEnd：

If K＞1000 And K≤1100：Then GotoQ：IfEnd：

If K＞1100 And K≤1250：Then GotoR：IfEnd：

If K＞1250：Then GotoS：IfEnd⌟

LblK：

0→A：4.479→B：110→C：4.2→D：

220→E：4.2→F：15000→R：GotoZ⌟

LblL：

110→A：4.2→B：220→C：4.2→D：

330→E：4.8→F：8000→R：GotoZ⌟

LblM：

220→A：4.2→B：330→C：4.88→D：

450→E：4.913→F：6800→R：GotoZ⌟

……

……

LblZ⌟

16.9.2 子程序 HD 的说明

本子程序是一个计算道路高程的引导程序,是道路高程计算程序 Prog"DLSQ JS"的数据库,供道路高程计算程序随时反复调用。本程序可包括 9 条道路,容纳 25 条竖曲线;每条道路用标签 Lbl1、Lbl2、Lbl3…区分;每条竖曲线用标签 LblA、LblB、LblC…区分。对每条道路预先要划分段落,每个段落含一条竖曲线并注明其计算范围的起讫点里程。对每条竖曲线,输入该曲线的相关数据,如 Lbl3(翠竹路,含 K、L、M、N、O、P、Q、R、S 九条竖曲线)LblM 是翠竹路的第三条竖曲线,其计算范围是 K0＋280～K0＋380。该竖曲线前一个变坡点的里程、高程:$K=220$,$H=4.2$m;本曲线变坡点的里程、高程:$K=330$,$H=4.88$m;下一个变坡点的里程、高程:$K=450$;$H=4.913$m;竖曲线半径 $R=6800$m。本子程序可根据工程进展改动,把已竣工的删除,把新建工程添加进去或用新工程替代竣工的工程。总之,本程序的路名与主程序 Prog"DLSQ JS"的关系要一一对应,相关符号的含义及其输入法已在主程序说明中介绍。

16.10 道路平面数据库及其主程序的编辑方法

随着工程进展,道路平面数据库及其主程序需要修改,其方法如下:

编辑主程序 Prog"DLPM JS",如大通路已竣工,黄山路要施工,则将"ZQ＝0,DT3N＝1,DT3B＝2,CZ＝4,DT2＝6,ZB＝7,DT＝8"?Q 中 DT＝8 修改成 HS＝8,成为

"ZQ=0,DT3N=1,DT3B=2,CZ=4,DT2=6,ZB=7,HS=8"?Q;主程序编辑完毕。如大通路未竣工,黄山路要施工,则在"ZQ=0,DT3N=1,DT3B=2,CZ=4,DT2=6,ZB=7,DT=8"?Q 中增加 HS=9,成为"ZQ=0,DT3N=1,DT3B=2,CZ=4,DT2=6,ZB=7,DT=8,HS=9"?Q;主程序编辑完毕。

编辑子程序 Prog"PD",如增加了黄山路,则在程序开头部分(If Q=0:Then GotoZ;IfEnd;If Q=1:Then Goto1;IfEnd;If Q=2:Then Goto2;IfEnd;If Q=3:Then Goto3;IfEnd;……」……),需增加 If Q=9:Then Goto9;IfEnd;同时还要新建 Lbl9。如何新建 Lbl9,不再详述。如果用黄山路替代大通路,则只要编辑 Lbl8 就可以了,不再详述。

16.11 道路高程数据库及其主程序的编辑

其方法见第 3 章例题。

17　附　　录

17.1　坐标变换

在工程测量工作中,经常要进行两个坐标系之间的互相变换的计算,有时需要将用户坐标换算成大地坐标,有时又需要将大地坐标换算成用户坐标。

17.1.1　将用户坐标换算成大地坐标

如图 17.1 所示,坐标系 XY 为大地坐标系;坐标系 AB 为用户坐标系。所谓用户坐标系,是指建筑坐标系、道路的切线坐标系等。设 AB 坐标系原点 O 的 XY 坐标值为 (X_0,Y_0);坐标轴 X 顺时针转到坐标轴 A 的夹角为 α;图中 P 点在 AB 坐标系中的坐标值为 (A,B),试计算 P 点在 XY 的坐标值。

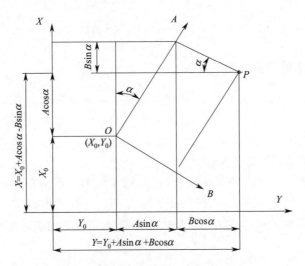

图 17.1　用户坐标系与大地坐标系的转化

不难得出如下结论:

$$\begin{cases} X=X_0+A\cos\alpha-B\sin\alpha \\ Y=Y_0+A\sin\alpha+B\cos\alpha \end{cases} \tag{17.1}$$

本汇编的程序中,将 AB 坐标换算成 XY 坐标是反复用到的公式。例如,要计算如图 17.2 所示 P 点的大地坐标,则需要进行二次坐标变换;设 A 轴在 XY 坐标系中的方位角为α;曲线的转角为β,则N轴在XY坐标系中的方位角$\delta=\alpha+\beta$,则有

$$\begin{cases} X_K = X_0 + A\cos\alpha - B\sin\alpha \\ Y_K = Y_0 + A\sin\alpha + B\cos\alpha \end{cases} \tag{17.2}$$

$$\begin{cases} X_P = X_K + N\cos\delta - E\sin\delta \\ Y_P = Y_K + N\sin\delta + E\cos\delta \end{cases} \tag{17.3}$$

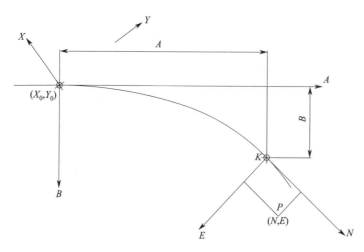

图 17.2　需进行二次坐标变换的情况

17.1.2　将大地坐标换算成用户坐标

将大地坐标换算成用户坐标,也是测量计算中常用的方法。例如,可以用它计算某坐标点对某直线的里程与垂距;将建筑区域内的大地坐标点换算成建筑坐标,然后用建筑坐标进行测设;弦线支距计算中,将大地坐标换算成CF坐标系坐标值;在交叉口设计中,检算切点离路中距离是否等于路的半宽等等。

如图 17.3 所示,坐标系XY为大地坐标系;坐标系AB为用户坐标系。设AB坐标系原点O的XY坐标值为(X_0, Y_0);坐标轴X顺时针转到坐标轴A的夹角为α;图中P点在XY坐标系中的坐标值为X、Y,试计算P点在AB的坐标值(A, B),不难得出如下结论:

$$\begin{cases} A = (X - X_0)\cos\alpha + (Y - Y_0)\sin\alpha \\ B = -(X - X_0)\sin\alpha + (Y - Y_0)\cos\alpha \end{cases} \tag{17.4}$$

17.1.3　AB坐标系原点$(X_0$、$Y_0)$及A轴方位角的计算(图 17.4)

一般来说,建筑坐标或道路坐标与大地坐标的关系是明确的,但也不尽然。例如,设计提供的电子版设计图,由于旋转、移动的原因,施工人员从图中查询出的坐标值与图上标出的坐标值不符。为此,需计算出两个坐标系之间的正确关系,以便互相换算,

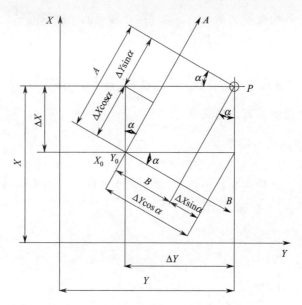

图 17.3　将大地坐标转化为用户坐标

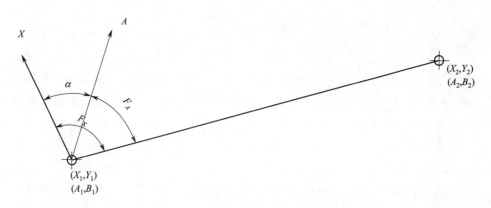

图 17.4　计算 XY、AB 之间的关系

用 CAD 软件是很好处理的。本节讲计算器计算法,设图中有两点,标出坐标(X_1,Y_1)、(X_2,Y_2);查询出的坐标值(设为 AB 坐标系)(A_1,B_1)、(A_2,B_2);用坐标反算计算,求出两点在 XY 坐标系中的距离和方位角 F_X;在 AB 坐标系中的距离和方位角 F_A。可知,X 轴到 A 轴的顺时针夹角 $\alpha = F_X - F_A$,则用坐标变换公式

$$\begin{cases} X = X_0 + A\cos\alpha - B\sin\alpha \\ Y = Y_0 + A\sin\alpha + B\cos\alpha \end{cases} \tag{17.5}$$

可求得

$$\begin{cases} X_0 = X_1 - A_1\cos\alpha + B_1\sin\alpha \\ Y_0 = Y_1 - A_1\sin\alpha - B_1\cos\alpha \end{cases} \tag{17.6}$$

求得两个坐标系的换算关系 X_0、Y_0、α 后,任意点的坐标换算就迎刃而解了。程序 QITA2 JS 之 X0Y0=5 的编制依据就在于此。

17.2 后方边角交会、附合导线和无定向导线

17.2.1 两个控制点的后方边角交会

1. 两个控制点的后方边角交会的计算原理

在工程测量中,经常要根据两个已知控制点来测量,并计算第三点的坐标,方法之一是后方边角交会。其做法是自由设站,观测两个控制点的角度读数 JDS 和边长读数 BDS,进而计算出测站的坐标,如图 17.5 所示。

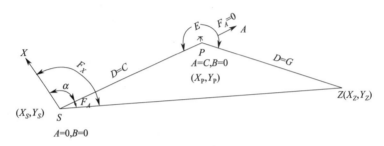

图 17.5 两个控制点的后方边角交会

图中,S 点为起始控制点,其坐标为 (X_S,Y_S);Z 点为终端控制点,其坐标为 (X_Z,Y_Z);P 点为自由测站点(其坐标待算);观测到起始边长为 C;终端边长为 G;从始端到终端所夹左角为 E;设 SP 为 A 轴。

用坐标反算计算,求得 SZ 的理论距离,及其在 XY 坐标系中的方位角为 F_x;则 $D_{SZ}=\mathrm{Pol}(X_Z-X_S,Y_Z-Y_S)$;$F_x=J$。

在 AB 坐标系中,P 点的坐标为 $A=C$,$B=0$;PZ 在 AB 坐标系中的方位角为 $F=E-180°$;用坐标正算计算 Z 点的 AB 坐标值

$$\begin{cases} A_Z=C+G\cos F \\ B_Z=G\sin F \end{cases} \tag{17.7}$$

$D'_{SZ}=\mathrm{Pol}(A_Z,B_Z)$;$F_A=J$;实测距离与理论距离之差为 $\Delta D=D'_{SZ}-D_{SZ}$;A 轴对于 X 轴的顺时针夹角 $\alpha=F_x-F_A$。至此,已知 AB 坐标系原点的大地坐标为 (X_S,Y_S);两坐标系的夹角为 α;P 点、Z 点的 AB 坐标为 $(C,0)$、(A_Z,B_Z);就可以用坐标变换公式求得 P、Z 点的大地坐标值

$$\begin{cases} X=X_0+A\cos\alpha-B\sin\alpha \\ Y=Y_0+A\sin\alpha+B\cos\alpha \end{cases} \tag{17.8}$$

如果不需要平差,则 P 点坐标

$$\begin{cases} X_P = X_S + C\cos\alpha \\ Y_P = Y_S + C\sin\alpha \end{cases} \tag{17.9}$$

Z 点坐标

$$\begin{cases} X_Z = X_S + A_Z\cos\alpha - B_Z\sin\alpha \\ Y_Z = Y_S + A_Z\sin\alpha + B_Z\cos\alpha \end{cases} \tag{17.10}$$

如需要平差,则根据按边长分配原则进行坐标改正;计算 ΔD 在 X、Y 轴上的投影为 $\Delta X = \Delta D\cos F_X$、$\Delta Y = \Delta D\sin F_X$,经平差

P 点

$$\begin{cases} X_P = X_S + C\cos\alpha - C\Delta X/(C+G) \\ Y_P = Y_S + C\sin\alpha - C\Delta Y/(C+G) \end{cases} \tag{17.11}$$

Z 点

$$\begin{cases} X_Z = X_S + A_Z\cos\alpha - B_Z\sin\alpha - \Delta X \\ Y_Z = Y_S + A_Z\sin\alpha + B_Z\cos\alpha - \Delta Y \end{cases} \tag{17.12}$$

2. 两个控制点后方边角交会计算的后续运用

一般来说,求出自由测站坐标并非最终目的,而是要运用 P 点和 S 点(或 Z 点)的坐标进一步进行其他工作的计算。例如转点计算;支导线计算;极坐标放样计算;直线的极坐标放样计算或转点的桩号、垂距计算;将测站、后视坐标换算成道路坐标等计算,这些工作的计算多是运用坐标正算、坐标反算、坐标变换等计算。

(1)转点计算:根据 P 点、S 点或 Z 点坐标,用坐标反算,计算出后视方位角;观测转点 M 的前视距离 D 和前后视夹角 JJ,计算出前视方位角 F;M 点的坐标,用坐标正算:$X_M = X_P + D\cos F$;$Y_M = Y_P + D\sin F$。

(2)支导线计算:如图 17.6 所示,反复运用坐标反算和坐标正算,计算各导线点的坐标。

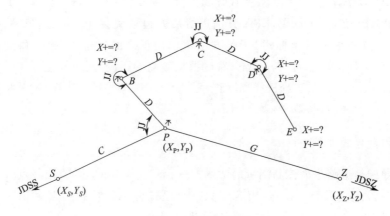

图 17.6 支导线计算

（3）极坐标放样：设站 P、后视 S 或 Z，根据放样点的坐标计算极坐标放样数据。

（4）直线计算：包括直线放样和转点对应于直线的桩号和垂距。

（5）直线坐标与大地坐标的关系：如图 17.7 所示，用 XY 坐标将 P 点、S 点或 Z 点的大地坐标，变换为直线坐标，并计算 PS 或 PZ 在直线坐标系中的方位角 F_A。在进行上述计算后，可以将测站坐标和后视坐标输入全站仪，然后测设直线。X 即为里程，Y 即为点的垂距，会大大加快测设速度。

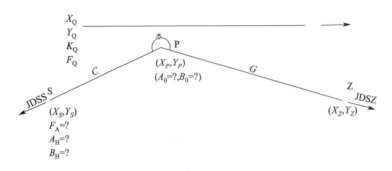

图 17.7　直线坐标与大地坐标的关系

17.2.2　多个控制点的后方边角交会

在建设区域，如厂矿或小区等测量工作中，测绘单位会提供若干个控制点。这些控制点的坐标，或多或少会有误差，如果用不同的两个控制点作为依据进行测设，则测设点的位置也会有误差。为此，可用多控制点边角后方交会法（即自由测站）测量计算，把各个控制点的坐标进行改正，以便消除互相之间的矛盾。如图 17.8 所示，A、B、C、D、E 为给定控制点，其位置和坐标都是由测绘单位提供的，施测的方法是在 P 点自由设站，观测 A、B、C、D、E 各点的角度读数 JDS 和边长读数 BDS，最后进行计算。其计算的方法是将 APB、BPC、CPD、DPE、EPA 分别进行后方边角交会计算，然后取 X_P、Y_P 的平均值即为 P 点的平差后坐标；以 PA 方位角作为正确的方位角；根据角度读数计算 PA、PB、PC、PD、PE 方向的方位角；然后根据实测的距离，用坐标正算来计算各点改正后的坐标 (X_G,Y_G)，供工程放样用。程序 ZYCZ JS（自由测站计算）就是根据这个方法编制的。

17.2.3　附合导线计算

附合导线是道路平面控制测量的常用方法；导线从已知坐标的控制点 S 和已知方向 FS 出发，经过一系列导线点，附合到另一个已知坐标的控制点 Z 和另一已知方向 FZ 上，如图 17.9 所示。附合导线计算原理和方法如下：

（1）计算角度闭合差 JC，$JC=FS-FZ-180N+\sum LJ$；然后将角度闭合差平均分配

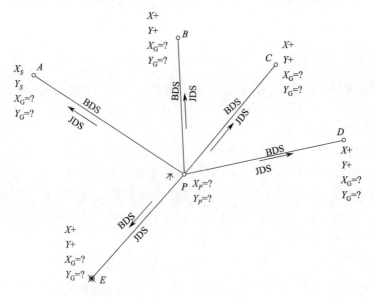

图 17.8　自由测站示意图

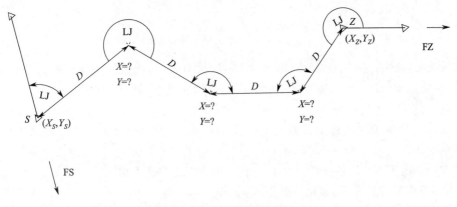

图 17.9　附合导线计算

给每一个角,即每个角改正 $\Delta J = JC/N$(N 为观测角的个数)。

(2)计算改正后的导线边的方位角,$F_n = F_{(n-1)} - 180° + LJ - \Delta J$。

(3)根据上一个导线点的坐标、下一个导线边长及其改正后的方位角,用坐标正算公式计算下一个坐标点的坐标(X_{N^*},Y_{N^*});最后到 Z 点闭合,计算其闭合差 X_C、Y_C。$X_C = X_{Z^*} - X_Z$;$Y_C = Y_{Z^*} - Y_Z$;(X_{Z^*},Y_{Z^*})为 Z 点的坐标计算值;(X_Z,X_Z)为 Z 点的坐标给定值。

(4)将坐标闭合差按边长分配到各个坐标值上,$X_N = X_{N^*} - X_C(B_Z)/\Sigma$;$X_N$ 为第 N 个导线点经过平差的计算坐标值;X_{N^*} 为第 N 个导线点未经平差的计算坐标值;X_C

· 155 ·

为 X 坐标总闭合差；B_N 为导线边长累积到第 N 条边的累计值；Σ 为所有导线边长的累计值，同理计算各点经过平差的 Y 坐标值。

17.2.4 无定向导线计算

测绘单位提供的控制点，多为 GPS 点，如果控制点之间距离较远，就需要在控制点之间加设若干控制点，以便工程测设之用。又例如要复查 $SABCDZ$ 导线的精度，也需要观测导线，常用的方法就是敷设无定向导线。无定向导线的测量力求精确，加密的点数也不能太多，否则影响精度。如图 17.10 所示，图中，S、Z 点是两个给定的控制点，其坐标分别为 (X_S,Y_S)、(X_{Z0},Y_{Z0})；用坐标反算计算 SZ 的距离及其方位角 F_X，$D_{SZ}=\mathrm{Pol}(X_{Z0}-X_S,Y_{Z0}-Y_S)$，$F_X=J$，$A$、$B$、$C$、$D$ 为加密的导线点（其坐标值待算）。

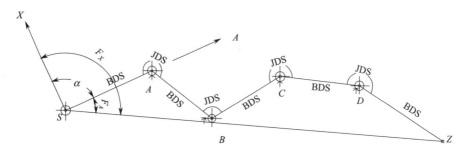

图 17.10　无定向导线的计算

导线的施测方法是：设站 A，观测 AS、AB 两个方向，读取左角读数和边长读数并记录；移站至 B，观测 BA、BC 并记录相关数据；以此类推，直至 Z 点。

设 S 点为 AB 坐标原点，即 $A_S=0$，$B_S=0$。SA 为 AB 坐标系的 A 轴。设 AS 方向的角度读数为 $0°00'00''$，边长读数为 C；AB 的角读数 E；边长读数为 G。则 AB 在 AB 坐标系中的方位角为 $E-180°$（$E+180°$也可）；用坐标正算求得 B 点的 AB 坐标；用同样的方法求出 C、D、Z 各点的 AB 坐标值；用极坐标公式求出 SZ 的实测距离及其在 AB 坐标系中的方位角 F_A；$D'_{SZ}=\mathrm{Pol}(A_{Z0}-A_S,A_{Z0}-A_S)$；$F_A=J$。如图 17.10 可知，$X$ 轴到 A 轴的顺时针夹角 $\alpha=F_X-F_A$；计算实测距离比理论距离长 $\Delta D=D'_{SZ}-D_{SZ}$。

如果不需要平差，用坐标变换公式

$$\begin{cases} X=X_0+A\cos\alpha-B\sin\alpha \\ Y=Y_0+A\sin\alpha+B\cos\alpha \end{cases} \tag{17.13}$$

计算出 A、B、C、D、Z 各点的坐标 (X,Y)；由于没有平差，Z 点的计算坐标值与给定坐标值有差异，即 $X_Z\neq X_{Z0}$，$Y_Z\neq Y_{Z0}$。

如果需要平差，则计算 ΔD 在 XY 轴上的投影 $\Delta X=\Delta D\cos F_X$、$\Delta Y=\Delta D\sin F_X$。按边长 C 与总边长 ΣC 的比例关系，将 ΔX、ΔY 分配到各加密点上。

$$\begin{cases} X_I=X_0+A_I\cos\alpha-B_I\sin\alpha-\Delta XC_I\div\Sigma C \\ Y_I=Y_0+A_I\sin\alpha+B_I\cos\alpha-\Delta YC_I\div\Sigma C \end{cases} \tag{17.14}$$

由于进行了平差，所以 Z 点计算坐标值与给定坐标值相等，即 $X_Z = X_{Z0}$、$Y_Z = Y_{Z0}$；否则，说明计算有错误。

如图 17.11 所示，无定向导线的计算还可以用于顶管轴线定位等，在已知顶进点和顶出点的情况下，要定出后座点，使三点一线。如果进出点之间不通视，必须敷设无定向导线；可以设顶进点 $X=0$，$Y=0$；顶出点 $X=$ 任意正值，$Y=0$；根据测得数据，计算各加密点的 XY 坐标（注意，这时不能平差）；再根据加密点坐标定出后座点的点位（只要该点 $Y=0$，就说明三点一线），这需要特别精确。

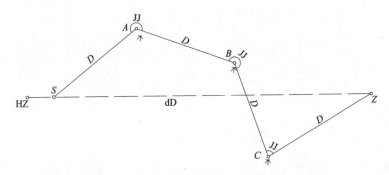

图 17.11　无定向导线计算用于顶管轴线定位

17.3　道路平面的基本知识

17.3.1　道路平面的基本构成

道路平面由直线和曲线连接而成。如图 17.12 所示为道路构成的一般情况：直线→始端缓和曲线→圆曲线→终端缓和曲线→直线；各节点分别称为直缓点（ZH）、缓圆点（HY）、圆缓点（YH）、缓直点（HZ），这种曲线也称为基本型曲线。

17.3.2　缓和曲线

1. 缓和曲线的定义

在直线与圆曲线之间，插入一段半径从无穷大线性渐变到圆曲线半径 R 的渐变曲线，这段渐变曲线称为缓和曲线。我国公路和铁路采用的缓和曲线形式为辐射螺旋线，其做法是半径由无穷大线性渐变到圆曲线半径 R，即曲率由零线性渐变到 $1/R$。

2. 缓和曲线的作用

在缓和曲线范围内道路实现超高过渡、加宽过渡、车辆由直线运动向圆周运动或由圆周运动向直线运动过渡。

3. 缓和曲线的性质方程

设圆曲线半径 R、整条缓和曲线的弧长为 S、缓和曲线上 I 点离缓和曲线起点（ZH

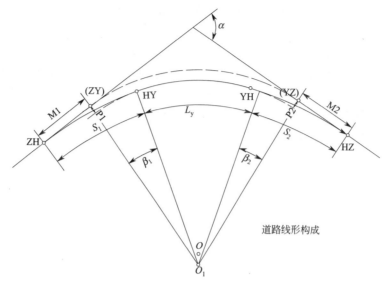

图 17.12　道路平面构成

或 HZ)的弧长为 L。则根据定义,曲率 $\rho \propto L$,即 $1/R_I \propto L$,其比例常数为 $1/(RS)$,则 $1/R_I = L/(RS)$,即 $R_I L = RS$。$R_I L = RS$ 称为缓和曲线的性质方程,$A = \sqrt{RS}$,称为回旋参数,A 值越大,则曲线越平滑,行车越平稳。

4. 插入缓和曲线后,原来圆曲线发生了一些变化

(1)曲线交点(JD)不变。

(2)转角 α 不变。

(3)切线方向不变。

(4)为了维持圆曲线半径 R 不变,圆曲线原来的圆心 O 点内移到 O' 点。圆心内移后,原来的圆曲线向内移动,因为原来的圆曲线与内移的圆曲线不是同心圆,故圆曲线各处的内移值不相等。从 O' 向切线引垂线,垂足到内移圆曲线的距离称为缓和曲线的内移距 P,新的曲线的切点向直线方向延伸;新的曲线的切点至垂足的距离 M,称为切垂距(也称为缓和曲线的外移距 q)。

(5)圆曲线部分的圆心角减小,圆心角 $= \alpha - \beta_1 - \beta_2$,$\beta_1$ 称为始端缓和曲线角;β_2 称为终端缓和曲线角。

(6)原来圆曲线的一部分由缓和曲线替代;原圆曲线长 $L_0 = \alpha R$;新曲线的圆曲线部分的长度 $L_y = \alpha R - R\beta_1 - R\beta_2$(在下一节中,将证明 $R\beta_1 = S_1/2$;$R\beta_2 = S_2/2$);则 $L_y = R\alpha - S_1/2 - S_2/2$。

(7)曲线比原来圆曲线增长 $S_1/2 + S_2/2$;新曲线总长 $L = L_y + S_1 + S_2 = \alpha R + S_1/2 + S_2/2$。

5. 缓和曲线上任意两点之间切线(或法线)的夹角

切线之间（或法线）的夹角 β_I 可称为名义圆心角，如图 17.13 所示，$d\beta = dL/R_I$；根据缓和曲线的性质方程 $R_I L = RS$，则 $1/R_I = L/(RS)$，代入得 $d\beta = LdL/(RS)$；$\beta_I = \int_{L_1}^{L_2} LdL/(RS) = L^2/(2RS)$，即 $\beta = (L_2^2 - L_1^2)/(2RS)$，其中 L_1 为缓和曲线起点到点 1 之间的弧长；L_2 为缓和曲线起点到点 2 之间的弧长；β 为点 1 到点 2 之间的名义圆心角。当 $L_1 = 0$，$L_2 = L_I$ 时，$\beta_I = L_I^2/(2RS)$，即为缓和曲线起点到 I 点所包含的名义圆心角；当 $L_1 = 0$，$L_2 = S$ 时，即整条缓和曲线时，$\beta = \beta_0 = S/(2R)$，即为整条缓和曲线的转角，称缓和曲线角；分析 $\beta_0 = S/(2R)$，$R\beta_0 = S/2$（即为上节尚未证明的结论）。

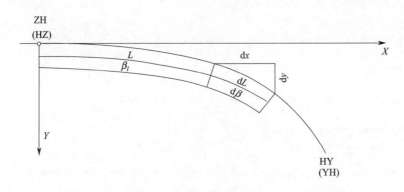

图 17.13　缓和曲线上两点间的夹角及参数方程的证明图示

6. 缓和曲线的参数方程

根据图 17.13 所示，有

$$\begin{cases} dX = dL\cos\beta_I \\ dY = dL\sin\beta_I \end{cases} \tag{17.15}$$

$$\because \qquad \beta_I = L^2/(2RS) \tag{17.16}$$

$$\therefore \quad \begin{cases} dX = \cos[L^2/(2RS)]dL \\ dY = \sin[L^2/(2RS)]dL \end{cases} \tag{17.17}$$

$$\begin{cases} X = \int \cos[L^2/(2RS)]dL \\ Y = \int \sin[L^2/(2RS)]dL \end{cases} \tag{17.18}$$

由于上式不能直接积分，为此将 $\cos\beta$ 和 $\sin\beta$ 用级数展开式表示后再进行积分。

$$\begin{cases} \cos\beta = 1 - \beta^2/2! + \beta^4/4! - \beta^6/6! + \beta^8/8! - \beta^{10}/10! \cdots \\ \sin\beta = \beta - \beta^3/3! + \beta^5/5! - \beta^7/7! + \beta^9/9! - \beta^{11}/11! \cdots \end{cases} \tag{17.19}$$

$$\begin{cases} \cos\beta = 1 - L^4/(2\times4R^2S^2) + L^8/(24\times16R^4S^4) - L^{12}/(720\times64R^6S^6) + L^{16}/(40320\times256R^8S^8) \\ \sin\beta = L^2/(2RS) - L^6/(6\times8R^3S^3) + L^{10}/(120\times32R^5S^5) - L^{14}/(5040\times128R^7S^7) + \cdots \end{cases}$$

$$\tag{17.20}$$

$$\begin{cases}\cos\beta=1-L^4/(8R^2S^2)+L^8/(384R^4S^4)-L^{12}/(46080R^6S^6)+L^{16}/(10321920R^8S^8)\cdots\\ \sin\beta=L^2/(2RS)-L^6/(48R^3S^3)+L^{10}/(3840R^5S^5)-L^{14}/(645120R^7S^7)+\cdots\end{cases}$$

$$(17.21)$$

$$\begin{cases}\cos\beta_0=1-S^2/(8R^2)+S^4/(384R^4)-S^6/(46080R^6)+S^8/(10321920R^8)\cdots\\ \sin\beta_0=S/(2R)-S^3/(48R^3)+S^5/(3840R^5)-S^7/(645120R^7)+\cdots\end{cases}$$

$$(17.22)$$

$$\begin{cases}\mathrm dX=[1-L^4/(8R^2S^2)+L^8/(384R^4S^4)-L^{12}/(46080R^6S^6)+L^{16}/(10321920R^8S^8)]\mathrm dL\cdots\\ \mathrm dY=[L^2/(2RS)-L^6/(48R^3S^3)+L^{10}/(3840R^5S^5)-L^{14}/(645120R^7S^7)]\mathrm dL\cdots\end{cases}$$

$$(17.23)$$

$$\begin{cases}X=\displaystyle\int_0^L\mathrm dX=L-L^5/(40R^2S^2)+L^9/(3456R^4S^4)-L^{13}/(599040R^6S^6)\\ \qquad +L^{17}/(175472640R^8S^8)\cdots\\ Y=\displaystyle\int_0^L\mathrm dY=L^3/(6RS)-L^7/(336R^3S^3)+L^{11}/(42240R^5S^5)\\ \qquad -L^{15}/(9676800R^7S^7)+\cdots\end{cases}$$

$$(17.24)$$

当 $L=S$ 时，得

$$\begin{cases}X_0=S-S^3/(40R^2)+S^5/(3456R^4)-S^7/(599040R^6)+S^9/(175472640R^8)\cdots\\ Y_0=S^2/(6R)-S^4/(336R^3)+S^6/(42240R^5)-S^8/(9676800R^7)+S^{10}/(3530096640R^9)\cdots\end{cases}$$

$$(17.25)$$

至此，我们已经求得了缓和曲线上 I 点和缓和曲线终点的参数方程坐标值；一般来说，只要取前面三、四项，就能得到满意的精度。

本节有如下结论：

（1）I 点（离起点的弧长为 L）的参数方程

$$\begin{cases}X=L-L^5/(40R^2S^2)+L^9/(3456R^4S^4)-L^{13}/(599040R^6S^6)+L^{17}/(175472640R^8S^8)\cdots\\ Y=L^3/(6RS)-L^7/(336R^3S^3)+L^{11}/(42240R^5S^5)-L^{15}/(9676800R^7S^7)\\ \qquad +L^{19}/(3530096640R^9S^9)\end{cases}$$

$$(17.26)$$

（2）缓和曲线终点的参数方程坐标

$$\begin{cases}X_0=S-S^3/(40R^2)+S^5/(3456R^4)-S^7/(599040R^6)+S^9/(175472640R^8)\cdots\\ Y_0=S^2/(6R)-S^4/(336R^3)+S^6/(42240R^5)-S^8/(9676800R^7)+S^{10}/(3530096640R^9)\end{cases}$$

$$(17.27)$$

7. 缓和曲线内移距 P 和切垂距 M

如图 17.14 所示，可知

$$\begin{cases}P=Y_0+R\cos\beta_0-R\\ M=X_0-R\sin\beta_0\end{cases}$$

$$(17.28)$$

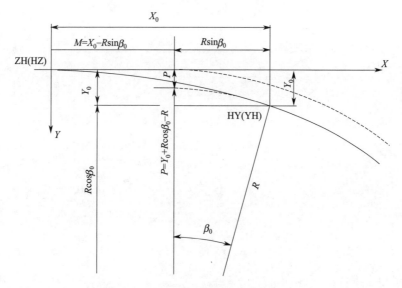

图 17.14　缓和曲线内移距 P 和切垂距 M

X_0、Y_0、$\cos\beta_0$、$\sin\beta_0$ 用级数展开式(见上节)表示,则

$P=S^2/(6R)-S^4/(336R^3)+S^6/(42240R^5)-S^8/(9676800R^7)\cdots$

$\quad+R[1-S^2/(8R^2)+S^4/(384R^4)-S^6/(46080R^6)+S^8/(10321920R^8)]-R$

$\quad=S^2/(6R)-S^2/(8R)-S^4/(336R^3)+S^4/(384R^3)+S^6/(42240R^5)-S^6/(46080R^5)$

$\quad\quad-S^8/(9676800R^7)+S^8/(10321920R^7)$

$\quad=S^2/(24R)-S^4/(2688R^3)+S^6/(506880R^5)-S^8/(154828800R^7)\cdots$ 　　(17.29)

$M=S-S^3/(40R^2)+S^5/(3456R^4)-S^7/(599040R^6)+S^9/(175472640R^8)\cdots$

$\quad-R[S/(2R)-S^3/(48R^3)+S^5/(3840R^5)-S^7/(645120R^7)+S^9/(185794560R^9)\cdots]$

$\quad=S-S/2-S^3/(240R^2)+S^5/(34560R^4)-S^7/(8386560R^6)+S^9/(3158507520R^8)\cdots$

　　(17.30)

通分合并,得

$$\begin{cases} P=S^2/(24R)-S^4/(2688R^3)+S^6/(506880R^5)-S^8/(154828800R^7)\cdots \\ M=S/2-S^3/(240R^2)+S^5/(34560R^4)-S^7/(8386560R^6)+S^9/(3158507520R^8)\cdots \end{cases}$$

　　(17.31)

缓和曲线中,X_0、Y_0、C_0、P、M、HJ0、PJ0、FPJ0 的关系如图 17.15 所示。

8. 缓和曲线公式汇总

(1)缓和曲线上两点间的转角(名义圆心角)

$$\beta=(L_2^2-L_1^2)/(2RS)=[90(L_2^2-L_1^2)/(\pi RS)]^\circ \qquad (17.32)$$

(2)缓和曲线起点到 I 点的名义圆心角:

$$\beta_I=L^2/(2RS)=[90L^2/(\pi RS)]^\circ \qquad (17.33)$$

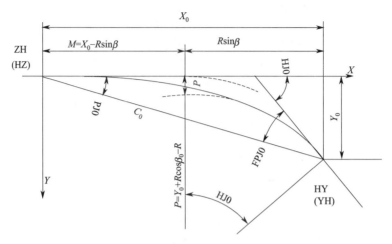

图 17.15 缓和曲线中，X_0、Y_0、C_0、P、M、HJ0、PJ0、FPJ0 的关系图

(3)缓和曲线角：

$$\beta_0 = S/(2R) = [90S/(\pi R)]\,^{\circ} \tag{17.34}$$

(4)缓和曲线的参数方程(该点离起点的弧长为 L)

$$\begin{cases} X = L - L^5/(40R^2S^2) + L^9/(3456R^4S^4) - L^{13}/(599040R^6S^6)\cdots \\ Y = L^3/(6RS) - L^7/(336R^3S^3) + L^{11}/(42240R^5S^5)\cdots \end{cases} \tag{17.35}$$

(5)缓和曲线终点的参数方程坐标

$$\begin{cases} X_0 = S - S^3/(40R^2) + S^5/(3456R^4) - S^7/(599040R^6)\cdots \\ Y_0 = S^2/(6R) - S^4/(336R^3) + S^6/(42240R^5)\cdots \end{cases} \tag{17.36}$$

(6)缓和曲线内移距

$$P = Y_0 + R\cos\beta_0 - R = S^2/(24R) - S^4/(2688R^3) + S^6/(506880R^5)\cdots \tag{17.37}$$

(7)缓和曲线的切垂距

$$M = X_0 - R\sin\beta_0 = S/2 - S^3/(240R^2) + S^5/(34560R^4)\cdots \tag{17.38}$$

(8)缓和曲线起点到 I 点的弦长 C_I、偏角 δ_I

$$\begin{cases} C_I = \mathrm{Pol}(X_I, Y_I) \\ \delta_I = J \approx L^2/(6RS) = [30L^2/(\pi RS)]^{\circ} \end{cases} \tag{17.39}$$

(9)缓和曲线总弦长 C_0、总偏角 δ_0：

$$\begin{cases} C_0 = \mathrm{Pol}(X_0, Y_0) \\ \delta_0 = J \approx S/(6R) = [30S/(\pi R)]^{\circ} \end{cases} \tag{17.40}$$

(10)缓和曲线总弦长 C_0、总反偏角 b_0

$$\begin{cases} C_0 = \mathrm{Pol}(-X_0, -Y_0) \\ b_0 = \beta_0 - \delta_0 \approx S/(3R) = [60S/(\pi R)]^{\circ} \end{cases} \tag{17.41}$$

(11)缓和曲线上 N 点对置镜点 M 点的弦长 C_N、偏角 δ_N 如图 17.16 所示。

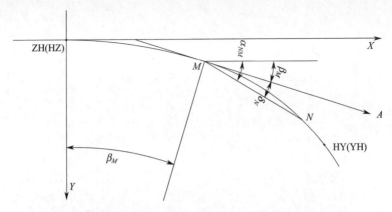

图 17.16　缓和曲线上 N 点对置镜点 M 点的弦长 C_N、偏角 δ_N

缓和曲线上，N 点对置镜点 M 的弦长 C_0 及偏角 δ_N 公式的证明：

当用偏角法测设缓和曲线时，有时需要设站缓和曲线上某点 M，然后测设线上各点；此时需求出 N 点对设站点切线的偏角 δ_N 和弦长 C_N；由图 17.16 可知，设站点 M 与 ZH 点（或 HZ 点）之间的名义圆心角 $\beta_M = L^2/(2RS)$，则 M 点到 N 点的弦长

$$\begin{cases} C_N = \mathrm{Pol}(X_N - X_M, Y_N - Y_M) \\ \delta_N = \alpha_{MN} - \beta_M \end{cases} \tag{17.42}$$

在 XY 坐标系中，方位角 $\alpha_{MN} = J$，在计算工具缺乏的情况下，可用近似公式计算：

$$\tan\alpha_{MN} = (Y_N - Y_M)/(X_N - X_M) \tag{17.43}$$

取参数方程的首项代入

$$\alpha_{MN} \approx \tan\alpha_{MN} = (L_N^3 - L_M^3)/(L_N - L_M)/(6RS) = (L_N^2 + L_N L_M + L_M^2)/(6RS) \tag{17.44}$$

$$\begin{aligned} \delta_N &= \alpha_{MN} - \beta_M \\ &= (L_N^2 + L_N L_M + L_M^2)/(6RS) - L_M^2/(2RS) = (L_N^2 + L_N L_M - 2L_M^2)/(6RS) \end{aligned} \tag{17.45}$$

$$\begin{aligned} \delta_N &= \alpha_{MN} - \beta_M \\ &= (L_N - L_M)(L_N + 2L_M)/(6RS) = [30(L_N - L_M)(L_N + 2L_M)/(\pi RS)]^{\circ} \end{aligned} \tag{17.46}$$

$$\begin{cases} C_N = \mathrm{Pol}(X_N - X_M, Y_N - Y_M) \\ \delta_N = J - \beta_M \approx (L_N - L_M)(L_N + 2L_M)/(6RS) = [30(L_N - L_M)(L_N + 2L_M)/(\pi RS)]^{\circ} \end{cases} \tag{17.47}$$

（12）缓和曲线的切线长（始切线 T_1、终切线 T_2，如图 17.17 所示）

$$\begin{cases} T_1 = X_0 - Y_0/\tan\beta_0 \\ T_2 = Y_0/\sin\beta_0 \end{cases} \tag{17.48}$$

17.3.3　曲线要素

1. 两端缓和曲线等长时的曲线要素（图 17.18）

$$\beta_0 = [90S/(\pi R)]^{\circ} \tag{17.49}$$

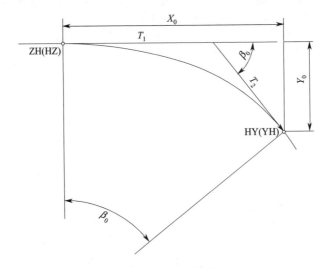

图 17.17　缓和曲线切线长 T_1、T_2

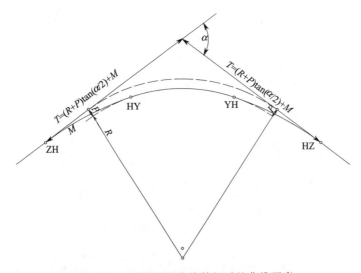

图 17.18　两端缓和曲线等长时的曲线要素

$$\begin{cases} X_0 = S - S^3/(40R^2) + S^5/(3456R^4) - S^7/(599040R^6) \\ Y_0 = S^2/(6R) - S^4/(336R^3) + S^6/(42240R^5) \end{cases} \quad (17.50)$$

$$\begin{cases} C_0 = \mathrm{Pol}(X_0, Y_0) \\ \delta_0 = \theta = J \end{cases} \quad (17.51)$$

$$\begin{cases} P = Y_0 + R(\cos\beta_0 - 1) = S^2/(24R) - S^4/(2688R^3) + S^6/(506880R^5)\cdots \\ M = X_0 - R\sin\beta_0 = S/2 - S^3/(240R^2) + S^5/(34560R^4) \end{cases} \quad (17.52)$$

$$T = (R + P)\tan(\alpha/2) + M \quad (17.53)$$

$$L = \pi R \alpha / 180 + S \tag{17.54}$$

$$L_y = \pi R \alpha / 180 - S \tag{17.55}$$

$$E = (R+P)\sec(\alpha/2) - R \tag{17.56}$$

2. 两端都不带缓和曲线（即纯圆曲线）的曲线要素

$$T = R \tan(\alpha/2) \tag{17.57}$$

$$L = \pi R \alpha / 180 \tag{17.58}$$

$$E = R[\sec(\alpha/2) - 1] \tag{17.59}$$

3. 只有一端带缓和曲线的曲线要素：设始端带缓和曲线（图 17.19）

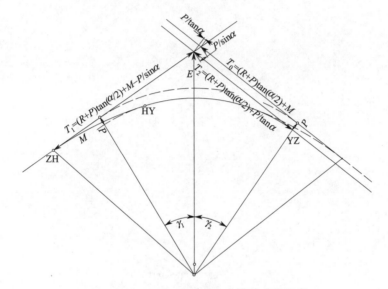

图 17.19 只有一端带缓和曲线的曲线要素

$$T_1 = (R+P)\tan(\alpha/2) + M - P/\sin\alpha \text{（始切线）} \tag{17.60}$$

$$T_2 = (R+P)\tan(\alpha/2) + P/\tan\alpha \tag{17.61}$$

$$\gamma_1 = \tan^{-1}[(R+P)/(T_1-M)] \tag{17.62}$$

$$\gamma_2 = \tan^{-1}(R/T_2) \tag{17.63}$$

$$L_1 = \pi R(90-\gamma_1)/180 + S/2 \tag{17.64}$$

$$L_2 = \pi R(90-\gamma_2)/180 \tag{17.65}$$

$$L = L_1 + L_2 = \pi R \alpha / 180 + S/2 \tag{17.66}$$

$$E = (R+P)/\sin\gamma_1 - R = R/\sin\gamma_2 - R \tag{17.67}$$

4. 两端带不等长缓和曲线的曲线要素

根据上节内容推论可知：

$$T_1 = (R+P_1)\tan(\alpha/2) + M_1 - (P_1-P_2)/\sin\alpha \tag{17.68}$$

$$T_2 = (R+P_2)\tan(\alpha/2) + M_2 - (P_2-P_1)/\sin\alpha \tag{17.69}$$

$$\gamma_1 = \tan^{-1}[(R+P_1)/(T_1-M_1)] \tag{17.70}$$

$$\gamma_2 = \tan^{-1}[(R+P_2)/(T_2-M_2)] \tag{17.71}$$

$$L_1 = \pi R(90-\gamma_1)/180 + S_1/2 \tag{17.72}$$

$$L_2 = \pi R(90-\gamma_2)/180 + S_2/2 \tag{17.73}$$

$$L = L_1 + L_2 = \pi R\alpha/180 + (S_1+S_2)/2 \tag{17.74}$$

$$E = (R+P_1)/\sin\gamma_1 - R = (R+P_2)/\sin\gamma_2 - R \tag{17.75}$$

5. 当转向角大于180°时的曲线要素(图17.20)

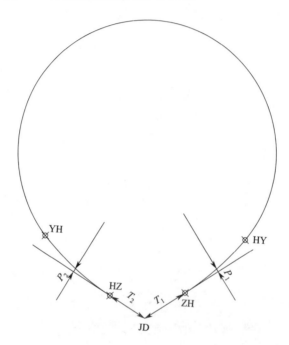

图 17.20　当转向角大于180°时的曲线要素

$$T_1 = (R+P_1)\tan(\alpha/2) - M_1 + (P_1-P_2)/\sin\alpha \tag{17.76}$$

$$T_2 = (R+P_2)\tan(\alpha/2) - M_2 + (P_2-P_1)/\sin\alpha \tag{17.77}$$

$$L = \pi R\alpha/180 + (S_1+S_2)/2 \tag{17.78}$$

17.3.4　基本型曲线的道路坐标计算

如图 17.21 所示,对于基本型曲线,道路相关点的坐标计算,要涉及到始端直线、始端缓和曲线、中间圆曲线、终端缓和曲线、终端直线等五个部位。各个部位的计算式各不相同,首先要计算出 K 桩号路中的切线坐标;接着要将 K 桩号切线坐标变换为大地坐标;还要进行第二次坐标变换,才能将路边坐标变换为大地坐标,现分述如下。

1. 始端直线地段的大地坐标计算

如图 17.22 所示,设直缓点的大地坐标、方位角、桩号为 X_Q、Y_Q、F_Q、K_Q;计算点 P

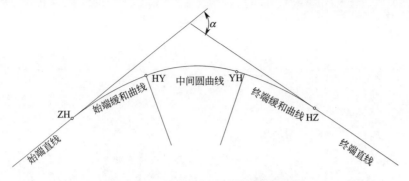

图 17.21　基本型曲线的道路坐标计算

的桩号为 K ,边距为 B (左负右正),则用坐标变换公式求得 P 点的大地坐标为

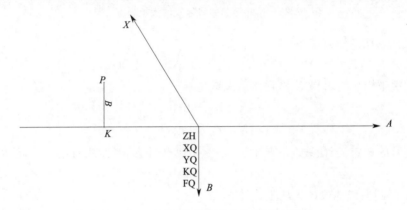

图 17.22　始端直线地段的大地坐标计算

$$\begin{cases} X_P = X_Q + (K - K_Q)\cos F_Q - B\sin F_Q \\ Y_P = Y_Q + (K - K_Q)\sin F_Q + B\cos F_Q \end{cases} \tag{17.79}$$

$K - K_Q$ 即为 P 点的 A 坐标值;此处 A 值小于零。

2. 始端缓和曲线地段的大地坐标计算

设直缓点的大地坐标、方位角、桩号为 X_Q 、 Y_Q 、 F_Q 、 K_Q ;计算点 P 的桩号为 K ,边距为 B (左负右正);该点处于始端缓和曲线地段,则 K 桩号的切线坐标,即为参数方程坐标(如要计算 K 中心的大地坐标需进行坐标变换)为:

$$\begin{cases} N = (K - K_Q) - (K - K_Q)^5/(40R^2 S_1^2) + (K - K_Q)^9/(3456R^4 S_1^4) - (K - K_Q)^{13}/(599040R^6 S_1^6) \\ E = (K - K_Q)^3/(6RS_1) - (K - K_Q)^7/(336R^3 S_1^3) + (K - K_Q)^{11}/(42240R^5 S_1^5) \end{cases}$$

$$\tag{17.80}$$

用坐标变换公式,求得 K 桩号路中心点的大地坐标为

$$\begin{cases} X_K = X_Q + N\cos F_Q - (+)E\sin F_Q \\ Y_K = Y_Q + N\sin F_Q + (-)E\cos F_Q \end{cases} \tag{17.81}$$

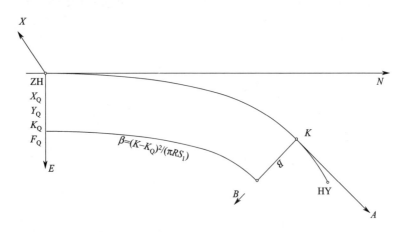

图 17.23　始端缓和曲线地段的大地坐标计算

K 里程大地坐标方位角

$$F=F_{Q}+(-)90(K-K_{Q})^{2}/(\pi RS_{1})（正负由转向定）\qquad(17.82)$$

再一次坐标变换求得 K 里程路边大地坐标

$$\begin{cases}X=X_{K}-B\sin F\\Y=Y_{K}+B\cos F\end{cases}\qquad(17.83)$$

正负号的选定：当曲线向右转时，正负号取括号外者；当曲线向左转时，正负号取括号内者；

3. 中间圆曲线地段的大地坐标计算

圆曲线部分的切线坐标的计算（要计算大地坐标还需坐标变换）如图 17.24 所示。

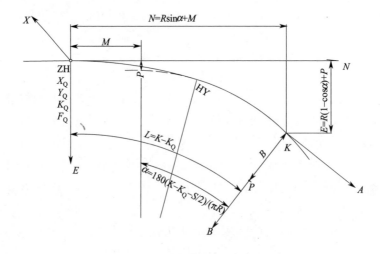

图 17.24　中间圆曲线地段的大地坐标计算

从上图可以看出，K_Q 到 K 点所包含的名义圆心角即转角为 $\alpha = 180(K - K_Q - S/2)/\pi R$，则

$$\begin{cases} N = R\sin\alpha + M \\ E = R(1 - \cos\alpha) + P \end{cases} \qquad (17.84)$$

如用级数展开式表示，则

$$\begin{cases} N = R\sin\dfrac{180(K - K_Q - S/2)}{\pi R} + S/2 - S^3/(240R^2) + S^5/(34560R^4) \\ E = R\left[1 - \cos\dfrac{180(K - K_Q - S/2)}{\pi R}\right] + S^2/(24R) - S^4/(2688R^3) + S^6/(506880R^5) \end{cases}$$

$$(17.85)$$

经坐标变换 K 中桩的大地坐标为

$$\begin{cases} X_K = X_Q + N\cos F_Q - (+)E\sin F_Q \\ Y_K = Y_Q + N\sin F_Q + (-)E\cos F_Q \end{cases} \qquad (17.86)$$

K 桩号的方位角

$$F = F_Q + (-)\alpha \qquad (17.87)$$

再经一次坐标变换

$$\begin{cases} X = X_K - B\sin F \\ Y = Y_K + B\cos F \end{cases} \qquad (17.88)$$

正负号的选定：当曲线向右转时，正负号取括号外者；当曲线向左转时，正负号取括号内者。

4. 终端缓和曲线地段的大地坐标计算

如图 17.25 所示，设缓直点的大地坐标、方位角、桩号为 X_Z、Y_Z、F_Z、K_Z；计算点 P 的桩号为 K，边距为 B（左负右正）。

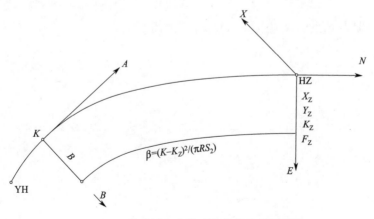

图 17.25 终端缓和曲线地段的大地坐标计算

该点处于终端缓和曲线地段；缓和曲线的长度取 $-S_2$ 代入，则 K 桩号的切线坐

标,即为参数方程坐标(如要计算 K 中心的大地坐标需进行坐标变换)。为

$$\begin{cases} N=(K-K_Z)-(K-K_Z)^5/(40R^2S_2^2)+(K-K_Z)^9/(3456R^4S_2^4)-(K-K_Z)^{13}/(599040R^6S_2^6) \\ E=(K-K_Z)^3/(6RS_2)-(K-K_Z)^7/(336R^3S_2^3)+(K-K_Z)^{11}/(42240R^5S_2^5) \end{cases}$$

(17.89)

这里,N 将是负值,E 将是正值;当终端缓和曲线 S_2 取负值代入后,将会给编程带来很多方便;具体为当 S_2 取负值后,就可以用统一的子程序"HAB"。

用坐标变换公式求得 K 桩号路中心点的大地坐标为

$$\begin{cases} X_K=X_Z+N\cos F_Z-(+)E\sin F_Z \\ Y_K=Y_Z+N\sin F_Z+(-)E\cos F_Z \end{cases}$$

(17.90)

K 里程大地坐标方位角

$$F=F_Z\pm90(K-K_Z)^2/(\pi RS_2)$$

正负由转向定,如 S_2 已经取了负值,则右转为正,左转为负。

再一次坐标变换求得 K 里程路边大地坐标

$$\begin{cases} X=X_K-B\sin F \\ Y=Y_K+B\cos F \end{cases}$$

(17.91)

正负号的选定:当曲线向右转时,正负号取括号外者;当曲线向左转时,正负号取括号内者。

5. 终端直线地段的大地坐标计算

如图 17.26 所示,设缓直点的大地坐标、方位角、桩号为 X_Z、Y_Z、F_Z、K_Z;计算点 P 的桩号为 K,边距为 B(左负右正),则用坐标变换公式求得 P 点的大地坐标为

$$\begin{cases} X_P=X_Z+(K-K_Z)\cos F_Z-B\sin F_Z \\ Y_P=Y_Z+(K-K_Z)\sin F_Z+B\cos F_Z \end{cases}$$

(17.92)

$K-K_Q$ 即为 P 点的 A 坐标值,此处 A 值大于零。

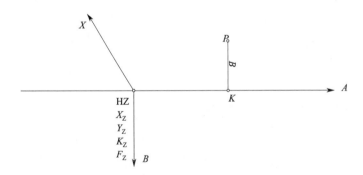

图 17.26 终端直线地段的大地坐标计算

6. 基本型曲线大地坐标计算例题

某路 ZH：$X=293.4801$，$Y=-263.0240$，$F=99°59'59.93''$，$K=49.5342$；HZ：$X=367.4919$，$Y=138.2930$，$F=59°59'59.96''$，$K=468.600$，$R=500m$，$S_1=60m$，$S_2=80m$，路宽 $=20m$，试计算每 20m 桩号路中和路边的大地坐标，计算结果见表 17.1。

表 17.1　某道路各桩号坐标计算表

桩　号	方　位　角	坐 标					
		左 10m		中桩		右 10m	
		X	Y	X	Y	X	Y
QD0+000.00	99°59′59.93″	311.9297	−310.0692	302.0816	−311.8057	292.2335	−313.5421
0+020.000	99°59′59.93″	308.4567	−290.3730	298.6087	−292.1095	288.7606	−293.8460
0+040.000	99°59′59.93″	304.9838	−270.6769	295.1357	−272.4134	285.2876	−274.1498
ZH049.5342	99°59′59.93″	303.3282	−261.2875	293.4801	−263.0240	283.6320	−264.7605
0+060.000	99°53′43.38″	301.5202	−250.9976	291.6690	−252.7161	281.8178	−254.4346
0+080.000	99°06′49.13″	298.2184	−231.4105	288.3446	−232.9945	278.4709	−234.5784
0+100.000	97°34′04.69″	295.3344	−211.8928	285.4215	−213.2099	275.5086	−214.5269
HY109.5342	96°33′44.04″	294.1809	−202.6057	284.2464	−203.7485	274.3120	−204.8913
0+120.000	95°21′46.59″	293.1155	−192.4048	283.1593	−193.3395	273.2031	−194.2741
0+140.000	93°04′16.00″	291.6743	−172.8592	281.6887	−173.3950	271.7031	−173.9307
0+160.000	90°46′45.40″	291.0159	−153.2716	281.0168	−153.4076	271.0178	−153.5436
0+180.000	88°29′14.81″	291.1413	−133.6733	281.1448	−133.4093	271.1483	−133.1454
0+200.000	86°11′44.22″	292.0504	−114.0957	282.0724	−113.4322	272.0944	−112.7687
0+220.000	83°54′13.63″	293.7416	−94.5701	283.7981	−93.5081	273.8547	−92.4461
0+240.000	81°36′43.04″	296.2122	−75.1278	286.3192	−73.6690	276.4262	−72.2102
0+260.000	79°19′12.44″	299.4584	−55.7998	289.6316	−53.9466	279.8048	−52.0933
0+280.000	77°01′41.85″	303.4749	−36.6171	293.7301	−34.3724	283.9853	−32.1277
0+300.000	74°44′11.26″	308.2553	−17.6103	298.6080	−14.9777	288.9608	−12.3451
0+320.000	72°26′40.67″	313.7919	1.9901	304.2576	4.2064	294.7234	7.2226
0+340.000	70°09′10.07″	320.0759	19.7540	310.6699	23.1492	301.2639	26.5443
0+360.000	67°51′39.48″	327.0973	38.0518	317.8345	41.8204	308.5718	45.6889
0+380.000	65°34′08.89″	334.8447	56.0542	325.7401	60.1902	316.6355	64.3261
YH388.600	64°35′01.14″	338.3963	63.6972	329.3642	67.9891	320.3320	72.2811
0+400.000	63°22′13.38″	343.3076	73.7496	334.3684	78.2318	325.4291	82.7140
0+420.000	61°41′29.38″	352.4123	91.2265	343.6082	95.9687	334.8041	100.7109
0+440.000	60°35′08.91″	361.9874	108.5650	353.2765	113.4762	344.5655	118.3874
0+460.000	60°03′10.65″	371.8591	125.8519	363.1942	130.8439	354.5293	135.8359
HZ468.600	59°59′59.96″	376.1522	133.2930	367.4919	138.2930	358.8316	143.2930
0+480.000	59°59′59.96″	381.8522	143.1657	373.1919	148.1657	364.5316	153.1657
0+500.000	59°59′59.96″	391.8522	160.4862	383.1919	165.4862	374.5317	170.4862
0+520.000	59°59′59.96″	401.8522	177.8067	393.1919	182.8067	384.5317	187.8067

7. 道路坐标计算的结语

根据上述分析,可结语如下:对于基本型曲线,只要知道起讫点的大地坐标值、方位角和里程,就可以计算出道路相关点的坐标、极坐标放样数据等。

17.3.5 复曲线的道路坐标计算

1. 复曲线的定义

所谓复曲线是指两条基本型曲线复合成一条曲线,如图 17.27 所示,其第一条曲线为 $ZH_1 \rightarrow HY_1 \rightarrow YH_1 \rightarrow HZ_1$;其第二条曲线为 $ZH_2 \rightarrow HY_2 \rightarrow YH_2 \rightarrow HZ_2$。

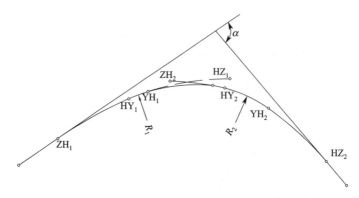

图 17.27　两条基本型曲线复合

复合以后成为一条曲线,如图 17.28 所示。该曲线由五段不同线形,即大半径端缓和曲线、大半径端圆曲线、中间非完整缓和曲线、小半径端圆曲线、小半径终端缓和曲线连接而成,各自之间首尾相接且相切。

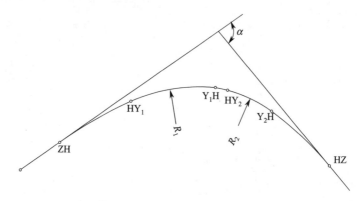

图 17.28　复合以后成为一条曲线

2. 曲线复合后的变化

(1)首先原来的两条基本型曲线复合成一条。

(2)大半径曲线的中间缓和曲线不复存在而被删除。

（3）小半径曲线的中间缓和曲线部分被删除；删除的为 $R_1 \sim \infty$ 部分；也就是说中间缓和曲线仅仅保留了 $R_1 \sim R_2$ 部分；所以，中间缓和曲线也称为非完整缓和曲线，或称为中间连接曲线；$R_1 > R_2$；如果中间缓和曲线的原始长度为 S_Z，则删除部分的长度为 $\Delta L = R_2 S_Z / R_1$。

（4）大半径曲线变成只有一端带缓和曲线的曲线，即 $ZH \rightarrow HY_1 \rightarrow Y_1 H$。而且其转角在原来 α_1 的基础上增加了 $\Delta \alpha$，$\Delta \alpha$ 的大小见下节。

（5）小半径曲线除了长度被部分删除外，其转角也减小了 $\Delta \alpha$；$\Delta \alpha$ 即为 $R_1 \sim \infty$ 部分的缓和曲线角，$\Delta \alpha = \Delta \beta = 90° \Delta L / (\pi R_1)$。

3. 复曲线要素计算

（1）交点法计算复曲线要素

如图 17.29 所示，设交点坐标、里程及始切线方位角为 X_{JD}、Y_{JD}、K_{JD}、F_Q；设两曲线半径 R_1、R_2，且 $R_1 > R_2$；R_1 的缓和曲线长为 S_1（为便于理解和公式推导，不妨假设两端缓和曲线等长）；R_2 的中间缓和曲线原始长度为 S_Z（已知回旋参数也可）；其端部缓和曲线长度为 S_D；大半径曲线的原始转角为 α_1；小半径曲线的原始转角为 α_2。

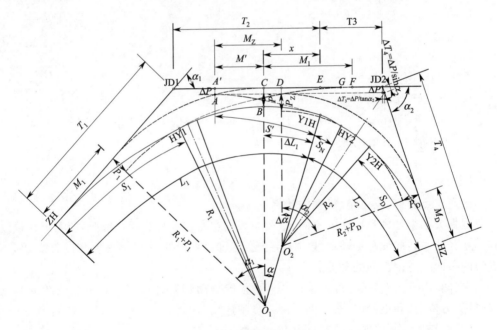

图 17.29　交点法计算复曲线要素

①基本资料

$S_S = R_2 S_Z / R_1$（中间缓和曲线删除部分的长度）

$S_L = S_Z - S_S$（非完整缓和曲线的长度）

$\Delta L = 0.5 S_S$（大半径曲线长度的增量）

$\Delta\alpha = 90°S_S/(\pi R_1)$（中间删除部分的缓和曲线角，也即 α_1 增加角）

$M' = 0.5S_S - S_S^3/(240R_1^2)$（$R_1 \sim \infty$ 的切垂距）

$P' = S_S^2/(24R_1) - S_S^4/(2688R_1^3)$（$R_1 \sim \infty$ 即删除部分的内移距）

$X = R_1 \sin\Delta\alpha$（ΔL 在 T_2、T_3 上的投影）

$\Delta P = P_1 - P'$（R_1、R_2 曲线的中间切线之距）

$\Delta T_3 = \Delta P/\tan\alpha_2$

$\Delta T_4 = \Delta P/\sin\alpha_2$

②大半径一端的曲线要素

$T_1 = (R_1 + P_1)\tan(\alpha_1/2) + M_1$

$T_2 = T_1 - M_1 + X$

$L_1 = \pi R_1(\alpha_1 + \Delta\alpha)/180 + 0.5S_1$

③小半径一端的曲线要素

$T_3 = (R_2 + P_2)\tan\alpha_2/2 + M_Z - M' - X - \Delta T_3$

$T_4 = (R_2 + P_2)\tan\alpha_2/2 + M_D + \Delta T_4$

$L_2 = \pi R_2\alpha_2/180 + 0.5(S_D + S_Z) - S_S$

④结论

$T_1 = (R_1 + P_1)\tan(\alpha_1/2) + M_1$

$T_2 = T_1 - M_1 + X$

$L_1 = \pi R_1(\alpha_1 + \Delta\alpha)/180 + 0.5S_1$

$T_3 = (R_2 + P_Z)\tan\alpha_2/2 + M_Z - (P_Z - P_D)/\sin\alpha - M' - X - \Delta T_3$

$T_4 = (R_2 + P_D)\tan\alpha_2/2 + M_D - (P_D - P_Z)/\sin\alpha + \Delta T_4$

$L_2 = \pi R_2\alpha_2/180 + 0.5(S_D + S_Z) - S_S$

$L = L_1 + L_2$

⑤起讫点坐标、方位角、里程的计算

根据大小半径排列次序的不同，以及曲线的左右转向将有四种情况，即大半径过渡到小半径的左转曲线和右转曲线；小半径过渡到大半径的左转曲线和右转曲线；KFN点为两条曲线适用范围的分界点。

在计算出 T_1、T_2、T_3、T_4、L_1、L_2 之后，很容易用正弦定理等计算出复曲线的起讫点坐标、方位角、和里程（将通过例题进一步阐述）。

（2）交点法计算复曲线控制点数据

前面已经得出结论：对于曲线，只要知道起讫点的大地坐标值、方位角和里程，就可以计算出道路相关点的坐标、极坐标放样数据等；为此，需将复曲线中，不同线形、不同参数的五个部位划分成两条曲线，计算其相关数据，供测设等计算使用。其计算思路是：从起点 ZQ_1（坐标、方位角、桩号已知），根据始端曲线相关数据（复合后的转角等），计算出第一条曲线终点 QZ_1 的坐标、方位角、桩号；然后从 QZ_1（坐标、方位角、桩号已算出)出发,根据中间缓和曲线的删除部分的相关数据(缓和曲线角、偏角、反偏角、弦长等),计算出第二条曲线起点 ZQ_2 的坐标、方位角、桩号,下面通过例题作进一步说明。

①交点法例 1

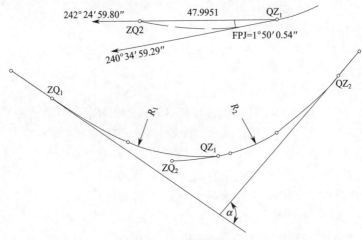

图 17.30　复曲线图(一)

设复曲线如图 17.30 所示,交点坐标里程为 $X_{JD}=100$、$Y_{JD}=-100$、$K_{JD}=1000$;始切线方位角 $F_Q=100°$;曲线由大半径过渡到小半径;左转;大半径 $R_L=500$,其缓和曲线长 $S_L=100$;小半径 $R_S=300$,其终端缓和曲线长 $S_D=90$,中间缓和曲线原始长 $S_Z=80$;已知大半径曲线的原始转角 $ZJ_L=36°40'$;小半径曲线的原始转角 $ZJ_S=37°45'$。试计算 K_{FN}、X_{ZQ1}、Y_{ZQ1}、F_{ZQ1}、K_{ZQ1},X_{QZ1}、Y_{QZ1}、F_{QZ1}、K_{QZ1},X_{ZQ2}、Y_{ZQ2}、F_{ZQ2}、K_{ZQ2},X_{QZ2}、Y_{QZ2}、F_{QZ2}、K_{QZ2}。

计算过程如下:

$S_S=300×80/500=48$(中间缓和曲线删除部分的长度)

$S_{LN}=80-48=32$(非完整缓和曲线的长度)

$\Delta L=0.5×48=24$(大半径曲线长度的增量)

$\Delta \alpha=90°×48/(500\pi)=2°45'0.71''$(中间删除部分的缓和曲线角)

$P_1=0.8330$(算式略)

$M_1=49.9833$(算式略)

$P_D=1.1241$(算式略)

$M_D=44.9663$(算式略)

$P_Z=0.888$(算式略)

$M_Z=39.9763$(算式略)

$M'=0.5S_S-S_S^3/(240R_1^2)=23.9982$($R_1 \sim \infty$ 即删除部分的切垂距)

$P' = S_S^2/(24R_1) - S_S^4/(2688R_1^3) = 0.1920(R_1 \sim \infty$ 即删除部分的内移距$)$

$C_0' = 47.9951(R_1 \sim \infty$ 即删除部分的弦长$)$

$PJ' = 0°55'0.17''(R_1 \sim \infty$ 即删除部分的偏角$)$

$FPJ' = 1°50'0.54''(R_1 \sim \infty$ 即删除部分的反偏角$)$

$HJ' = 2°45'0.71''(R_1 \sim \infty$ 即删除部分的缓和曲线角$)$

$X = 500\sin\Delta\alpha = 23.9908(\Delta L$ 在 T_2、T_3 上的投影$)$

$\Delta P = 0.833 - 0.192 = 0.6410(R_1$、$R_2$ 曲线的中间切线之距$)$

$\Delta T_3 = 0.6410/\tan37°45' = 0.8279$

$\Delta T_4 = 0.6410/\sin37°45' = 1.0470$

$T_1 = 215.9413$; $T_2 = 189.9488$; $T_3 = 94.4150$; $T_4 = 148.5793$(算式略)

$L_1 = 393.9770$; $L_2 = 234.6585$; $L = 628.6356$(算式略)

复合后的大半径转角 $ZJ + = 36°45' + 2°45'0.71'' = 39°25'0.71''$

$D(JD \sim ZH) = 396.6775$(交点至直缓的距离，算式略)

$D(JD \sim HZ) = 324.8699$(交点至缓直的距离，算式略)

$K_{FN} = 997.2996$(算式略)

$X_{ZQ1} = 168.8823$; $Y_{ZQ1} = -490.6510$; $F_{ZQ1} = 100°$; $K_{ZQ1} = 603.3225$

K_{FN}点(也即 QZ_1)的始切线坐标:

$A = 500\sin39°25'0.71'' + 49.9833 = 367.4623$

$B = -500(1 - \cos39°25'0.71'') - 0.8330 = -114.5596$

K_{FN}点(也即 QZ_1)的大地坐标:

$X_{QZ1} = 168.8823 + 367.4623\cos100° - (-114.5596)\sin100° = 217.8923$

$Y_{QZ1} = -490.6510 + 367.4623\sin100° - 114.5596\cos100° = -108.8782$

$F_{QZ1} = 100° - 39°25'0.71'' = 60°34'59.29''$

$K_{QZ1} = 603.3225 + 393.9770 = 997.2995$

仔细观察放大部分可知:

$X_{ZQ2} = 217.8923 + 47.9951\cos242°24'59.80'' = 195.6687$

$Y_{ZQ2} = -108.8782 + 47.9951\sin242°24'59.80'' = -151.4181$

$F_{ZQ2} = 60°34'59.29'' + 2°45'0.71'' = 63°20'$

$K_{ZQ2} = 997.2995 - 48 = 949.2995$

$X_{QZ2} = 393.0191$; $Y_{QZ2} = 40.2864$; $F_{QZ2} = 25°35'$; $K_{QZ2} = 1231.9581$

结论:

$X_{ZQ1} = 168.8823$; $Y_{ZQ1} = -490.6510$; $F_{ZQ1} = 100°$; $K_{ZQ1} = 603.3225$

$X_{QZ1} = 217.8924$; $Y_{QZ1} = -108.8782$; $F_{QZ1} = 60°34'59.29''$; $K_{QZ1} = 997.2996$

$X_{ZQ2} = 195.6688$; $Y_{ZQ2} = -151.4181$; $F_{ZQ2} = 63°20'$; $K_{ZQ2} = 949.2996$

$X_{QZ2} = 393.0191$; $Y_{QZ2} = 40.2864$; $F_{QZ2} = 25°35'$; $K_{QZ2} = 1231.9581$

②交点法例2

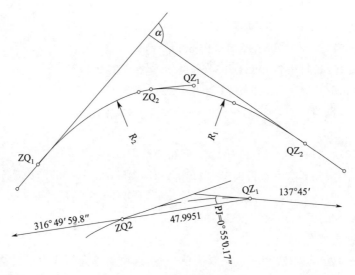

图 17.31　复曲线图(二)

设复曲线如图 17.31 所示,交点坐标里程为 $X_{JD}=100$、$Y_{JD}=-100$、$K_{JD}=1000$;始切线方位角 $F_Q=100°$;曲线由小半径过渡到大半径;右转;大半径 $R_L=500$,其缓和曲线长 $S_L=100$;小半径 $R_S=300$,其终端缓和曲线长 $S_D=90$,中间缓和曲线原始长 $S_Z=80$;已知大半径曲线的原始转角 $ZJ_L=36°40'$;小半径曲线的原始转角 $ZJ_S=37°45'$。试计算 K_{FN}、X_{ZQ1}、Y_{ZQ1}、F_{ZQ1}、K_{ZQ1},X_{QZ1}、Y_{QZ1}、F_{QZ1}、K_{QZ1}、X_{ZQ2}、Y_{ZQ2}、F_{ZQ2}、K_{ZQ2}、X_{QZ2}、Y_{QZ2}、F_{QZ2}、K_{QZ2}。

根据上例,计算过程如下:

$T_1=215.9413$;$T_2=189.9488$;$T_3=94.4150$;$T_4=148.5793$(算式略)

$L_1=393.9770$;$L_2=234.6585$;$L=628.6356$(算式略)

复合后的大半径转角 $ZJ+=36°40'+2°45'0.71''=39°25'0.71''$

$D(JD\sim ZH)=324.8699$(交点至直缓的距离,算式略)

$D(JD\sim HZ)=396.6775$(交点至缓直的距离,算式略)

$X_{ZQ1}=156.4131$;$Y_{ZQ1}=-419.9344$;$F_{ZQ1}=100°$;$K_{ZQ1}=675.1301$

$K_{FN}=909.7886$(算式略)

计算小半径原始曲线的要素并计算 QZ_1 的始切线坐标:

$T_D=147.5322$(算式略)

$T_Z=143.2319$(算式略)

$A=147.5322+143.2319\cos37°45'=260.7842$

$B=143.2319\sin37°45'=87.6890$

QZ_1 的大地坐标:

$X_{\mathrm{QZ1}}=156.4131+260.7842\cos100°-87.6890\sin100°=24.7716$

$Y_{\mathrm{QZ1}}=-419.9344+260.7842\sin100°+87.6890\cos100°=-178.3391$

$F_{\mathrm{QZ1}}=100°+37°45'=137°45'$

$X_{\mathrm{ZQ2}}=24.7716+47.9951\cos316°49'59.8''=59.7776$

$Y_{\mathrm{ZQ2}}=-178.3391+47.9951\sin316°49'59.8''=-211.1737$

$F_{\mathrm{ZQ2}}=100\mathrm{d}+37°45'-2°45'0.71''=134°59'59.29''$

$K_{\mathrm{ZQ2}}=675.1301+234.6585=909.7886$

结论：

$X_{\mathrm{ZQ1}}=156.4131; Y_{\mathrm{ZQ1}}=-419.9344; F_{\mathrm{ZQ1}}=100°; K_{\mathrm{ZQ1}}=675.1301$

$X_{\mathrm{QZ1}}=24.7715; Y_{\mathrm{QZ1}}=-178.3392; F_{\mathrm{QZ1}}=137°45'; K_{\mathrm{QZ1}}=957.7886$

$X_{\mathrm{ZQ2}}=59.7775; Y_{\mathrm{ZQ2}}=-211.1737; F_{\mathrm{ZQ2}}=134°59'59.29''; K_{\mathrm{ZQ2}}=909.7886$

$X_{\mathrm{QZ2}}=-294.7955; Y_{\mathrm{QZ2}}=-61.4059; F_{\mathrm{QZ2}}=174°25'; K_{\mathrm{QZ2}}=1303.7657$

（3）积木法计算复曲线

相对于交点法，积木法和起点法要简单一些，这里简单介绍积木法计算复曲线。所谓积木法计算复曲线，就是从 ZH 点（已知其坐标、方位角、里程）出发，像搭积木一样把曲线一点一点搭起来，计算出需要的数据，最后成为完整的复曲线。为简便起见，把五段不同线形的曲线划分为两条曲线，即在已知 ZH 点坐标、方位角、里程、大半径一端的曲线长度（含端缓和曲线长度）、小半径一端的曲线长度（含端部缓和曲线、中间非完整缓和曲线）的条件下，计算两条曲线的控制点。其计算思路是：从起点 ZQ$_1$（坐标、方位角、桩号已知），根据始端曲线相关数据（长度等），计算出第一条曲线终点 QZ$_1$ 的坐标、方位角、桩号；然后从 QZ$_1$（坐标、方位角、桩号已算出）出发，根据中间缓和曲线的删除部分的相关数据（缓和曲线角、偏角、反偏角、弦长等），计算出第二条曲线起点 ZQ$_2$ 的坐标、方位角、桩号；再从第二条曲线的起点 ZQ$_2$ 出发，根据第二条曲线的长度等，计算出第二条曲线终点的坐标、方位角、桩号，下面通过例题作进一步说明。

①积木法例 1

设复曲线如图 17.32 所示，ZH 点坐标、方位角、里程为 $X_{\mathrm{Q}}=168.8823$、$Y_{\mathrm{Q}}=-490.6510$、$K_{\mathrm{Q}}=603.3225$；始切线方位角 $F_{\mathrm{Q}}=100°$；曲线由大半径过渡到小半径；左转；大半径 $R_{\mathrm{L}}=500$，其缓和曲线长 $S_{\mathrm{L}}=100$；小半径 $R_{\mathrm{S}}=300$，其终端缓和曲线长 $S_{\mathrm{D}}=90$，中间缓和曲线原始长 $S_{\mathrm{Z}}=80$；已知大半径曲线长度 $L_1=393.9770$；小半径曲线的长度 $L_2=234.6585$。试计算 K_{FN}，X_{ZQ1}、Y_{ZQ1}、F_{ZQ1}、K_{ZQ1}，X_{QZ1}、Y_{QZ1}、F_{QZ1}、K_{QZ1}，X_{ZQ2}、Y_{ZQ2}、F_{ZQ2}、K_{ZQ2}、X_{QZ2}、Y_{QZ2}、F_{QZ2}、K_{QZ2}。

$S_{\mathrm{S}}=300\times80/500=48$（中间缓和曲线删除部分的长度）

$S_{\mathrm{LN}}=80-48=32$（非完整缓和曲线的长度）

$\Delta L=0.5\times48=24$（大半径曲线长度的增量）

$\Delta\alpha=90°\times48/(500\pi)=2°45'0.71''$（中间删除部分的缓和曲线角）

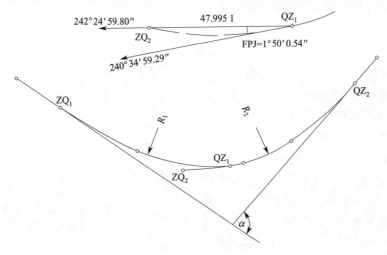

图 17.32 复曲线图(三)

$P_1=0.8330$（算式略）

$M_1=49.9833$（算式略）

$P_D=1.1241$（算式略）

$M_D=44.9663$（算式略）

$P_Z=0.888$（算式略）

$M_Z=39.9763$（算式略）

$C_0'=47.9951$（$R_1\sim\infty$ 即删除部分的弦长）

$PJ'=0°55'0.17''$（$R_1\sim\infty$ 即删除部分的偏角）

$FPJ'=1°50'0.54''$（$R_1\sim\infty$ 即删除部分的反偏角）

$HJ'=2°45'0.71''$（$R_1\sim\infty$ 即删除部分的缓和曲线角）

$\alpha_1+=180\times(393.9770-0.5\times100)/(500\pi)=39°25'0.7''$

$\alpha_2=180\times[234.6585+48-(90+80)/2]/(300\pi)=37°44'59.97''$

$K_{FN}=603.3225+393.9770=997.2995$

K_{FN} 点（也即 QZ_1）的始切线坐标：

$A=500\sin39°25'0.71''+49.9833=367.4623$

$B=-500(1-\cos39°25'0.71'')-0.8330=-114.5596$

K_{FN} 点（也即 QZ_1）的大地坐标：

$X_{QZ1}=168.8823+367.4623\cos100°-(-114.5596)\sin100°=217.8923$

$Y_{QZ1}=-490.6510+367.4623\sin100°-114.5596\cos100°=-108.8782$

$F_{QZ1}=100°-39°25'0.71''=60°34'59.29''$

$K_{QZ1}=603.3225+393.9770=997.2995$

仔细观察放大部分可知：

$X_{ZQ2}=217.8923+47.9951\cos242°24'59.80''=195.6687$

$Y_{ZQ2}=-108.8782+47.9951\sin242°24'59.80''=-151.4181$

$F_{ZQ2}=60°34'59.29''+2°45'0.71''=63°20'$

$K_{ZQ2}=997.2995-48=949.2995$

小半径原始曲线的切线长：

$T_Z=143.2319$（算式略）

$T_D=147.5322$（算式略）

QZ_2 的切线坐标（$FZQ_2=63°20'$）：

$A=143.2319+147.5322\cos(-37°45')=259.8841$

$B=147.5322\sin(-37°45')=-90.3218$

QZ_2 的大地坐标：

$X_{QZ2}=195.6687+259.8841\cos63°20'-(-90.3218)\sin63°20=393.0190$

$Y_{QZ2}=-151.4181+259.8841\sin63°20'+(-90.3218)\cos63°20=40.2865$

$F_{QZ2}=25°35';K_{QZ2}=1231.9581$（算式略）

结论：

$X_{ZQ1}=168.8823;Y_{ZQ1}=-490.6510;F_{ZQ1}=100°;K_{ZQ1}=603.3225$

$X_{QZ1}=217.8924;Y_{QZ1}=-108.8782;F_{QZ1}=60°34'59.29'';K_{QZ1}=997.2996$

$X_{ZQ2}=195.6688;Y_{ZQ2}=-151.4181;F_{ZQ2}=63°20';K_{ZQ2}=949.2996$

$X_{QZ2}=393.0191;Y_{QZ2}=40.2864;F_{QZ2}=25°35';K_{QZ2}=1231.9581$

②积木法例2

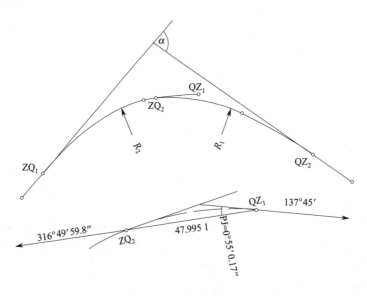

图 17.33　复曲线图（四）

设复曲线如图 17.33 所示,直缓点坐标、里程为 $X_Q = 156.4130$、$Y_Q = -419.9344$、$K_Q = 675.1301$;始切线方位角 $F_Q = 100°$;曲线由小半径过渡到大半径;右转;大半径 $R_L = 500$,其缓和曲线长 $S_L = 100$;小半径 $R_S = 300$,其终端缓和曲线长 $S_D = 90$,中间缓和曲线原始长 $S_Z = 80$;已知大半径曲线的长度 $L_1 = 393.9770$;小半径曲线的长度 $L_2 = 234.6585$。试计算 K_{FN}、X_{ZQ1}、Y_{ZQ1}、F_{ZQ1}、K_{ZQ1}、X_{QZ1}、Y_{QZ1}、F_{QZ1}、K_{QZ1}、X_{ZQ2}、Y_{ZQ2}、F_{ZQ2}、K_{ZQ2}、X_{QZ2}、Y_{QZ2}、F_{QZ2}、K_{QZ2}。

$S_S = 300 \times 80/500 = 48$(中间缓和曲线删除部分的长度)

$S_{LN} = 80 - 48 = 32$(非完整缓和曲线的长度)

$\Delta L = 0.5 \times 48 = 24$(大半径曲线长度的增量)

$\Delta \alpha = 90° \times 48/(500\pi) = 2°45'0.71''$(中间删除部分的缓和曲线角)

$P_1 = 0.8330$(算式略)

$M_1 = 49.9833$(算式略)

$P_D = 1.1241$(算式略)

$M_D = 44.9663$(算式略)

$P_Z = 0.888$(算式略)

$M_Z = 39.9763$(算式略)

$C_0' = 47.9951$($R_1 \sim \infty$ 即删除部分的弦长)

$PJ' = 0°55'0.17''$($R_1 \sim \infty$ 即删除部分的偏角)

$FPJ' = 1°50'0.54''$($R_1 \sim \infty$ 即删除部分的反偏角)

$HJ' = 2°45'0.71''$($R_1 \sim \infty$ 即删除部分的缓和曲线角)

$\alpha_1 + = 180 \times (393.9770 - 0.5 \times 100)/(500\pi) = 39°25'0.7''$

$\alpha_2 = 180 \times [234.6585 + 48 - (90 + 80)/2]/(300\pi) = 37°44'59.97''$

$K_{FN} = 675.1301 + 234.6585 = 909.7886$

小半径曲线的原始切线长:

$T_D = 147.5322$(算式略)

$T_Z = 143.2319$(算式略)

QZ$_1$ 点的始切线坐标:

$A = 147.5322 + 143.2319\cos37°45' = 260.7842$

$B = 143.2319\sin37°45' = 87.6890$

QZ$_1$ 点的大地坐标:

$X_{QZ1} = 156.4130 + 260.7842\cos100° - 87.6890\sin100° = 24.7715$

$Y_{QZ1} = -419.9344 + 260.7842\sin100° + 87.6890\cos100° = -178.3391$

$F_{QZ1} = 100° + 37°45' = 137°45'$

$K_{QZ1} = 675.1301 + 234.6585 + 48 = 957.7886$

仔细观察放大部分可知:

$X_{ZQ2}=24.7715+47.9951\cos316°49'59.80''=59.7775$

$Y_{ZQ2}=-178.3391+47.9951\sin316°49'59.80''=-211.1737$

$F_{ZQ2}=137°45'-2°45'0.71''=134°59'59.29'$

$K_{ZQ2}=957.7886-48=909.7886$

大半径曲线的复合后的转角 $\alpha=39°25'0.71''$

$T_Z=180.4209$（算式略）

$T_1=228.0787$（算式略）

QZ_2 的切线坐标（$FZQ_2=134°59'59.29''$）：

$A=180.4209+228.0787\cos39°25'0.71''=356.6223$

$B=228.0787\sin39°25'0.71''=144.8204$

QZ_2 的大地坐标：

$X_{QZ2}=59.7775+356.6223\cos134°59'59.29''-144.8204\sin134°59'59.29''=-294.7953$

$Y_{QZ2}=-211.1737+356.6223\sin134°59'59.29''+144.8204\cos134°59'59.29''=-61.4059$

$F_{QZ2}=134°59'59.29''+39°25'0.71''=174°25'$

$K_{QZ2}=1303.7657$（算式略）

结论：

$X_{ZQ1}=156.4130; Y_{ZQ1}=-419.9344; F_{ZQ1}=100°; K_{ZQ1}=675.1301$

$X_{QZ1}=24.7715; Y_{QZ1}=-178.3392; F_{QZ1}=137°45'; K_{QZ1}=957.7886$

$X_{ZQ2}=59.7775; Y_{ZQ2}=-211.1737; F_{ZQ2}=134°59'59.29''; K_{ZQ2}=909.7886$

$X_{QZ2}=-294.7955; Y_{QZ2}=-61.4059; F_{QZ2}=174°25'; K_{QZ2}=1303.7657$

17.3.6　已知坐标点或转点对应于道路的里程及垂距计算

在工程测量中，常常需要计算某个坐标点或某个转点对于道路的相应里程和垂距，这里所说的转点，是指设站某坐标点，后视另一坐标点后，前视某未知坐标的点，测出前后视夹角及前视距离，然后用坐标正算公式，计算其坐标，该观测点称为转点。对于直线道路，可以用大地坐标变换为用户坐标的方法，来计算坐标点或转点的相应里程和垂距，在 BJB JS、ZXKB JS 等程序中都是应用了这种方法。对于圆曲线道路，可以在已知坐标点或转点与圆心之间引一直线，然后计算出点的相应里程和垂距，程序 QITA3 中的 DLQH，就是根据这一原理编制的。

在 DLPM JS 即道路平面计算程序中，既可以计算基本型曲线的五个部位（始端直线、始端缓和曲线、中间圆曲线、终端缓和曲线、终端直线），又可以计算若干条曲线组成的某条道路，它可能绵延几公里、十几公里，甚至更长。要想用上述方法计算已知坐标点或转点的对应里程和垂距，将是十分困难的，而且点位可能处于缓和曲线地段，它的半径是变化的，这样计算就更加无从下手了。

为此，需要探索另外的计算方法。

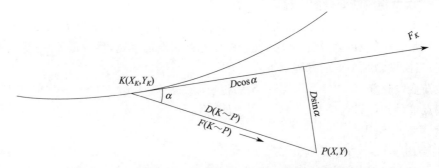

图 17.34　已知坐标点或转点对应于道路的里程及垂距计算

如图 17.34 所示,路外有一点 P,该点坐标为 (X,Y),该坐标可以是已知的,也可以通过计算转点而来。先随意假设 P 点的相应里程为 K,通过 DLPM JS 程序的内部计算,求得 K 里程中心坐标为 $(X_K、Y_K)$,其方位角为 F_K,连线 KP,通过坐标反算,计算出 K、P 两点的距离 $D(K\sim P)$ 及其方位角 $F(K\sim P)$;再计算出 KP 与 K 点切线的夹角 α。因为 $\alpha \neq 90°$ 或 $270°$;所以 K 并非 P 点的相应里程;再将 $K=K+D\cos\alpha$ 代入,重新计算。反复多次,α 将越来越接近 $90°$ 或 $270°$;当达到一定精度后,如设定 $D\cos\alpha < 0.0001$ m,让计算器显示 P 点的相应里程 K 及其垂距 $B=D\sin\alpha$(左负右正),在程序中,第一次假设 $K=0$,以上就是 DLPM JS 程序中 PDKB 和 ZDKB 这两项工作的计算原理。

17.3.7　道路渐变段的弦线支距计算

1. 渐变段的概念

在公路或市政道路施工时,往往要涉及到交叉口渠化和停车站点的设置等,这时需要将道路局部加宽;从标准宽度过渡到加宽的宽度,这就是渐变段。

通常的渐变段做法是设置圆曲线或三次抛物线,本节涉及的渐变段弦线支距计算,是以设置三次抛物线渐变段为基础。三次抛物线渐变段,较之圆曲线渐变段,线形更美观、飘逸、潇洒,测设也较方便,如图 17.35 所示。

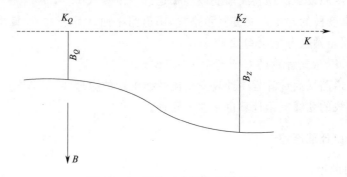

图 17.35　道路三次抛物线渐变段

2. 三次抛物线渐变段的方程

如图 17.35 所示，Q、Z 为渐变段的起讫点，渐变段起点桩号为 K_Q、终点桩号为 K_Z；起点路宽为 B_Q、终点路宽为 B_Z；此处的路宽是指路的半宽，且带正负，中线左为负，右为正；三次抛物线渐变的方程如下：

设渐变段长度
$$S=K_Z-K_Q \qquad (17.93)$$

起点桩号到计算点桩号
$$X=K-K_Q \qquad (17.94)$$

设 $N=X/S$；则
$$B_K=B_Q+(B_Z-B_Q)(3N^2-2N^3) \qquad (17.95)$$

3. 三次抛物线渐变段的弦线支距法

三次抛物线渐变段弦线支距计算的思路是：

(1)根据渐变段起讫点的桩号和路半宽，将渐变段分成若干段(如每 3 m 一点或每 5 m 一点)；

(2)然后，根据三次抛物线渐变的方程，计算出各点的路宽；

(3)再根据计算点的桩号和路宽，用道路平面计算公式，计算出各点的大地坐标；

(4)建立 CF 坐标系，其原点坐标为弦线起点的坐标(X_{XQ},Y_{XQ})，其 C 轴的方位角为起讫点的方位角；

(5)将各计算点(即测设点)的 XY 坐标换算成 CF 坐标系的坐标(C,F)。

4. 三次抛物线渐变段弦线支距法的测设

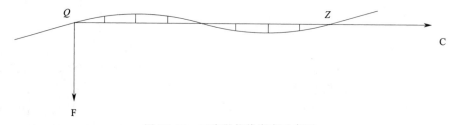

图 17.36　三次抛物线渐变示意图

用弦线支距测设三次抛物线渐变段步骤是：

(1)根据渐变段的起讫点的桩号和路宽，用道路平面计算公式，计算出极坐标放样等数据，然后用全站仪等定位 Q、Z 点；

(2)拉弦 QZ，根据计算的 C、F 值，一一定位。

以上就是道路平面计算程序计算渐变段弦线支距的原理；除了渐变段之外，道路加宽段、中线、边线的弦线支距计算也是这个原理。

17.3.8　交叉口计算原理

1. 交叉口的设计

在公路或市政道路施工时，往往要涉及到横向道路，需要设置交叉口，如图 17.37

所示是一个十字形交叉口。这里所谓交叉口设计,是指当交叉口中心桩号 K_{JC}、圆弧半径 R、横向道路方位角 F_P(设横向道路是直线)、主车道半宽 Z_K、支路半宽 P_K 都确定的情况下,计算交叉口圆弧与主道路边线相切点的坐标 (X_Q, Y_Q)、方位角 F_Q、圆弧所含转角 ZJ、与支路相切的切点坐标 (X_P, Y_P) 等。

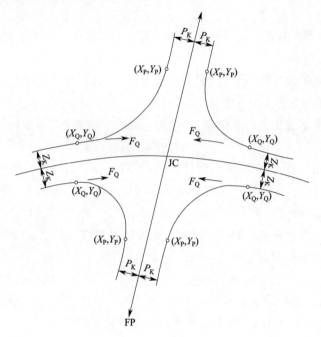

图 17.37　十字形交叉口

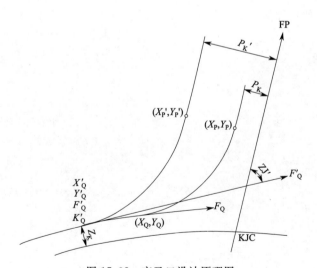

图 17.38　交叉口设计原理图

要设计交叉口,可以通过求解几何图形的方法来解决,但这往往十分费事。如果圆弧切点正好位于缓和曲线上,因为缓和曲线半径处处不同,要想计算出切点的坐标、方位角的确切数值,是非常困难的,更何况道路往往绵延很多公里或更多,其计算难度就更大了。本程序集探索了一条交叉口设计的新途径,其思路就是让计算器反复试算,步步逼近,当达到一定精度后显示计算结果。下面,通过第三象限圆弧的试算过程,来说明其计算原理。

(1)因为还不知道切点的确切桩号,可以先随意假设切点的里程为 K_Q^*;在程序中假设 $K_Q^* = K_{JC}$。

(2)通过道路平面计算的公式,根据里程和路宽,求得切点的坐标 (X_Q^*, Y_Q^*),方位角为 F_Q^*;并计算出交叉口中心坐标 (X_{JC}, Y_{JC})。

(3)在求得主车道切点的方位角后,根据支路的方位角 F_P,可以计算出该圆弧的转角 ZJ^*。

(4)根据转角和圆弧半径,可以计算其曲线要素;并根据转角计算出支路上切点的坐标 (X_P^*, Y_P^*)。其切线坐标:$A^* = R\sin(ZJ)$,$B^* = R[1 - \cos(ZJ)]$。再将 AB 坐标变换为 XY 坐标:$X_P^* = X_Q^* + A^*\cos F_Q^* - (+)B\sin F_Q^*$,$Y_P^* = Y_Q^* + A^*\sin F_Q^* + (-)B\cos F_Q^*$。

(5)再进行一次坐标变换,将 (X_P^*, Y_P^*) 坐标换算成以 (X_{JC}, Y_{JC}) 为坐标原点,F_P 为方位角的坐标,求得支路切点离支路中心的距离为 P_K^*,$P_K^* \neq P_K$。

(6)将 $K_Q^* - (P_K^* - P_K) = K_Q^*$ 代入;重复(1)~(5)的计算过程,直到 $P_K^* = P_K$(达到要求的精度);最后显示主车道切点坐标 (X_Q, Y_Q)、方位角 F_Q,圆弧转角 ZJ,支路切点坐标 (X_{PQ}, Y_{PQ}),这些数据,将用于交叉口圆弧的放样等。

以上就是道路平面计算程序进行交叉口设计的原理。

2. 交叉口的放样计算

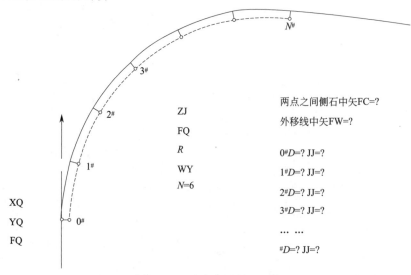

图 17.39 交叉口计算示意图

交叉口圆弧的放样,当然可以应用道路平面计算等公式。为了交叉口竖向计算等方便,要求将圆弧分成若干个等分段;同时为了不影响铺砌侧石,还须将放样点向圆弧外(或内)移动一个距离(如 0.3m);为了圆弧顺畅,还要告诉铺砌人员每段圆弧的中矢。

将圆弧等分成 N 段,每段所含的转角为 $1/N$;0~K 段所含的圆心角为 $\alpha=(ZJ)K/N$;其切线坐标 $A=R\sin\alpha$,$B=R(1-\cos\alpha)$;再通过坐标变换计算出放样点的大地坐标;进一步计算出极坐标放样数据;至于中矢计算,将在圆的弦线支距法中介绍。

17.3.9 根据圆曲线的起讫点坐标计算圆曲线

有时只知道圆曲线的起讫点的坐标及圆的半径,要测设圆曲线,这时有四种情况,即圆弧大于半圆或小于半圆;曲线左转或右转。

现以圆弧小于半圆,转向右转的曲线,来说明其解题原理,如图 17.40 所示。

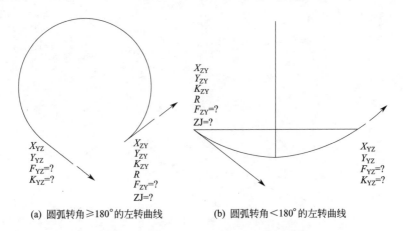

(a) 圆弧转角≥180°的左转曲线　　　(b) 圆弧转角<180°的左转曲线

图 17.40　圆弧小于半圆、转向右转的曲线

(1)用坐标反算计算圆弧起讫点之间的距离 C 和方位角 F。

(2)计算圆心角 ZJ、偏角 PJ:$ZJ=2\sin^{-1}(C/2R)$,$PJ=ZJ/2$。

(3)计算圆弧长:$L=\pi(ZJ)R/180$。终点里程:$K_{YZ}=K_{ZY}+L$。

(4)计算起点的方位角:$F_{ZY}=F-PJ$;终点方位角 $F_{YZ}=F_{ZY}+ZJ$。

(5)计算 K 里程相对于直圆点的转角 $\alpha=180(K-K_{ZY})/(\pi R)$;$K$ 里程的方位角 $F_K=F_{ZY}+\alpha$。

(6)计算 K 里程路中心的坐标:其切线坐标 $N=R\sin\alpha$,$E=R(1-\cos\alpha)$;其大地坐标 $X_K=X_{ZY}+N\cos F_{ZY}-(+)E\sin F_{ZY}$,$Y_K=Y_{ZY}+N\sin F_{ZY}+(-)E\cos F_{ZY}$。

(7)里程 K、垂距 B 的坐标或极坐标放样数据:$X=X_K-B\sin F_K$,$Y=Y_K+B\cos F_K$。

(8)对于大于半圆的圆弧,直圆点、圆直点的切线与小于半圆的圆弧的切线反向;圆弧长度、圆直点的里程也将相应变化,不再赘述。

17.3.10 偏角法测设曲线

测设曲线的方法很多,其中偏角法是传统的常用方法。偏角法测设曲线,一般设站于已经测设的中桩,用经纬仪确定测站的切线方向(永远以道路前进方向为切线的正方向),再根据测设桩号的偏角,确定测设点的方向,用钢尺量取距离。偏角法是极坐标放样的特例,是设站于某一桩号的极坐标放样方法。如图 17.41 所示,图中 K_{STN} 为设站里程。

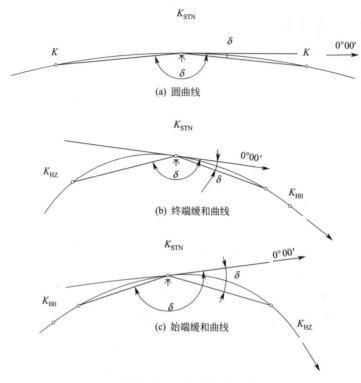

图 17.41　偏角法测设曲线

1. 圆曲线的偏角计算

测站至 K 桩号,该段圆弧所包含的圆心角为 $\alpha = 180(K - K_{STN})/(\pi R)$;所包含的偏角为 $\delta = 90(K - K_{STN})/(\pi R)$;如道路右转且 $K > K_{STN}$,则 δ 取正值;如道路左转且 $K > K_{STN}$,则 δ 取负值;如道路右转且 $K < K_{STN}$,则 $\delta = \delta + 180$ 取正值;如道路左转且 $K < K_{STN}$,则 $\delta = \delta + 180$ 取负值;测站至 K 桩号的弦长 $C = 2R\sin\delta$(取绝对值),一般来说弦长一般不量取长弦长度,而是量取分弦长度。

2. 缓和曲线的偏角计算

缓和曲线偏角,既要分左转、右转两种情况,又要分 $K > K_{STN}$,$K < K_{STN}$ 两种情况,还要分始端缓和曲线、终端缓和曲线两种情况。

区分是始端缓和曲线还是终端缓和曲线,采取输入缓和曲线的起点里程和终点里程来加以区别。如起点里程 K_{H0} <终点里程 K_{HZ},则为始端缓和曲线;如起点里程 K_{H0} >终点里程 K_{HZ},则为终端缓和曲线;切线方向永远是道路的前进方向。

在缓和曲线公式汇总中,曾经推导过一个 N 点对置镜点的偏角公式,该公式以参数方程第一项为基础推导出来。本程序集采用了更为精确的方法,其思路是如下:

(1)计算设站点 K_{STN} 点对缓和曲线起点切线的坐标(参数方程)及其方位角 α。

(2)计算 K 点对缓和曲线起点切线的坐标。

(3)用坐标反算,计算测站至测点的距离,及其切线方位角 β。

(4)$\delta=\beta-\alpha$ 即为 K 点对于测站切线的偏角;当然,由于转向有左右,而且有时 $K>K_{STN}$,有时 $K<K_{STN}$;所以真正采用的偏角,还要进一步分析(见程序正文)。

3. 偏角法测设曲线的步骤

(1)设站曲线上某已经测设的中桩。

(2)定切线方向,以一定的角读数后视另一个已测设的中桩;如后视切线的前进方向,则置角读数 0;如后视切线的后退方向,则置角读数 180;如后视已测设的曲线上的中桩,则以后视点的偏角置为后视角读数。

(3)拨角定前视方向;量取距离,钉桩定位(一般从上一测设点量至当前点)。

4. 遇到障碍,设站于通视良好的另一已测设点,重复(1)~(3)的步骤。

17.3.11 圆曲线、缓和曲线的弦线支距计算

用弦线支距测设曲线,是常用的简捷测设法。在道路平面计算程序中,不管道路处于何种线形,都可以用弦线支距法测设,但是必须在已知曲线起讫点的坐标、方位角、里程的情况下,才能这样计算。本节所述的弦线支距法的已知条件,相对简单。

1. 已知总弦长的圆曲线弦线支距计算

图中,已知总弦长 C_0,圆半径 R;任意设定 C;计算该点的支距 F,可以用不同的公式可以计算出同样的结果。本程序汇编的所用的原理如图 17.42 所示,在圆中 $A \times B = C \times D$,其思路如下。

(1)计算出当弦长为 C_0 时的中矢 F_0

$$F_0(2R-F_0)=C_0/2 \times C_0/2 \tag{17.96}$$

$$4F_0^2-8RF_0+C_0^2=0 \tag{17.97}$$

$$F_0=(2R-\sqrt{4R^2-C_0^2})/2 \tag{17.98}$$

(2)当 $C=C$ 时,$C_0^*=C_0-2C$,计算其中矢 F_0^*

$$F_0^*(2R-F_0^*)=(C_0-2C)^2/4 \tag{17.99}$$

$$4F_0^{*2}-8RF_0^*+(C_0-2C)^2=0 \tag{17.100}$$

$$F_0^*=\left[2R-\sqrt{4R^2-(C_0-2C)^2}\right]/2 \tag{17.101}$$

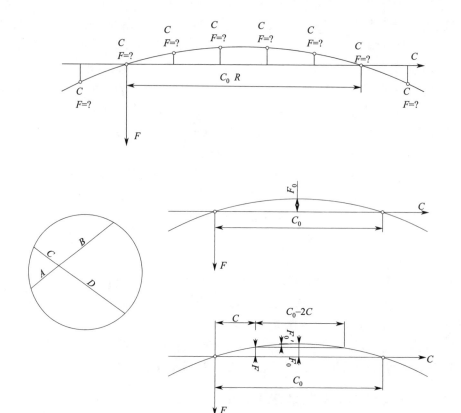

图 17.42　已知总弦长的圆曲线弦支距计算

$$(3) F = F_0 - F_0^* = \left[\sqrt{4R^2 - (C_0 - 2C)^2} - \sqrt{4R^2 - C_0^2} \right]/2 \qquad (17.102)$$

2. 已知总弧长的圆曲线弦线支距计算

如图 17.43 所示,在已知总的弧长,即已知弦线起讫点$(Q、Z)$桩号和圆弧半径 R 时,可以计算 K 里程的弦线支距,其思路如下。

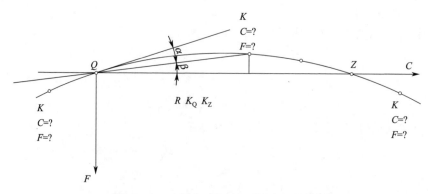

图 17.43　已知总弧长的圆曲线弦线支距

(1)弧长 QK 所包含的圆心角为 $\alpha=180(K-K_Q)/(\pi R)$。

(2)弦长 $T(QK)=2R\sin(\alpha/2)$。

(3)根据弦切角等于同弧上圆周角原理,图中 $\delta=90(K_Z-K)/(\pi R)$。

(4)$C=T\cos\delta,F=T\sin\delta$;计算出弦线支距的数值后,测设工作就很方便了。

3. 缓和曲线弦线支距计算

缓和曲线弦线支距计算,较圆曲线弦线支距计算要复杂些,因为有始端缓和曲线和终端缓和曲线之别。而且,其上每点的半径都不同,如图 17.44 所示,图 17.44(a)为始端缓和曲线,图 17.44(b)为终端缓和曲线。在道路平面计算程序中,不管所需测设的道路处于何种线形,都可以用弦线支距法进行中线、边线、渐变段、加宽段的测设,但是,必须在已知曲线起讫点和弦线起讫点大地坐标情况下才能计算。本节所述的缓和曲线弦线支距计算,是在未知曲线和弦线起讫点大地坐标情况下进行的,这里使用的是独立于大地坐标的切线坐标,其思路如下。

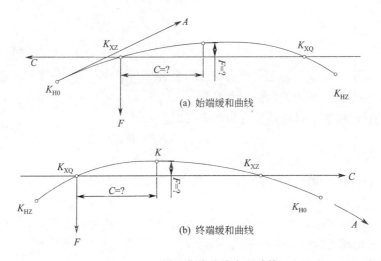

图 17.44 缓和曲线弦线支距计算

(1)计算弦线起点、终点、K 点的切线坐标 AB;输入缓和曲线的起讫点桩号,是为了区分是始端缓和曲线还是终端缓和曲线。

(2)建立 CF 坐标系;将 K 点的 AB 值换算成 CF 坐标值;对于始端缓和曲线,其切线坐标计算是很好理解的;对于终端缓和曲线的坐标计算,其窍门就在于输入缓和曲线的起讫点桩号后,终端缓和曲线的长度将是一个负数,读者自己可体会。

(3)测设步骤:用全站仪等测设弦线的起讫点;拉弦线,量取 CF 值。

17.4 道路高程计算

道路上点的高程,与点的里程、离路中心的垂距密切相关,具体为纵断面测设和横断面测设,现分述如下。

17.4.1　道路竖曲线及纵断面计算

道路纵断面就是道路中线的垂直断面;在综合考虑地形变化、行车要求、路基强度和稳定要求、桥梁、隧道、站场等设施的高程要求、工程造价等因素的基础上,设计道路纵断面;道路纵断面由直线坡和竖曲线连接而成,如图 17.45 所示。

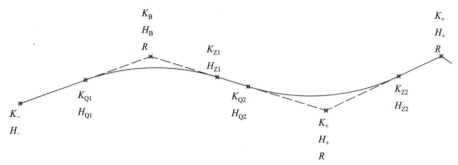

图 17.45　道路纵断面

图 17.45 中,K_-、H_- 为上一个变坡点的里程和高程;K_B、H_B 为变坡点的里程和高程;K_+、H_+ 为下一个变坡点的里程和高程。

(1)纵坡计算:纵坡以道路垂直角的正切值来表示。

$$i_1 = (H_B - H_-)/(K_B - K_-)$$
$$i_2 = (H_+ - H_B)/(K_+ - K_B)$$

(2)转角计算:当角度很小时,可近似认为 $\alpha = \tan\alpha$、$\alpha = \text{Abs}(i_2 - i_1)$,此处单位为弧度。

(3)竖曲线长度:$L = R\alpha$。

(4)竖曲线的切线长度:$T = L/2 = R\alpha/2$,因为竖曲线的切曲差很小,可近似为 0,这样,竖曲线的切线长取竖曲线长度的一半。

(5)竖曲线起讫点的里程:$K_Q = K_B - T$;$K_Z = K_B + T$。

(6)曲线起点的高程:$H_Q = H_- + i_1(K_Q - K_-)$ 或 $H_Q = H_B + i_1(K_Q - K_B)$。

(7)曲线终点的高程:$H_Z = H_B + i_2(K_Z - K_B)$ 或 $H_Z = (H_+) + i_2(K_Z - K_+)$。

(8)直线坡的高程计算:在第一条直线坡上,$H_K = H_- + i_1(K - K_-)$;在第二条直线坡上,$H_K = H_B + i_2(K - K_B)$。

(9)在竖曲线地段:$H_K = H_- + i_1(K - K_-) + (-)(K - K_Q)^2/(2R)$,当 $i_2 > i_1$(称为凹形竖曲线),则括号外符号,即"$+$";当 $i_2 < i_1$(称为凸形竖曲线),则括号内符号,即"$-$"。

(10)竖曲线修正值:上式中,$(K - K_Q)^2/(2R)$ 称为竖曲线修正值。也就是说,竖曲线的高程等于直线坡的高程加(或减)竖曲线的修正值。

(11)竖曲线的讨论:竖曲线的长度 $L = R\alpha$,这是根据圆曲线公式计算出来的。在

圆曲线中 $T=R\tan(\alpha/2)\neq L/2$;在竖曲线公式中 $T=L/2$,这是近似值;在圆曲线中(图 17.46),$X=R\sin\alpha$,$Y=R(1-\cos\alpha)$,如果用级数展开式表示,则 $X=L-L^3/(6R^2)+L^5/(120R^4)$,$Y=L^2/(2R)-L^4/(24R^3)+L^6/(720R^5)$。在竖曲线中,$X$ 只取一项,$X=L$;Y 也只取了级数展开式的第一项 $L^2/(2R)$,$L^2/(2R)$ 是二次抛物线方程,也就是说,竖曲线名义上是圆曲线,实际上它更接近于二次抛物线。

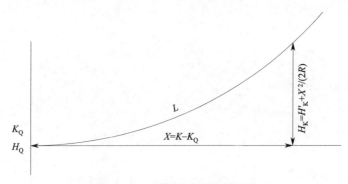

图 17.46　竖曲线高程计算示意

17.4.2　道路横断面高程计算

道路横向坡度有直线坡和曲线坡,这里只介绍常用的修正三次抛物线横向坡度,其标准方程

$$H=H_Z-(4\Delta HX^3/B^3+\Delta HX/B)$$

式中,H_Z 为路中高程;ΔH 为路中与路边的高差;B 为路幅宽度;X 为测点离路中的距离。

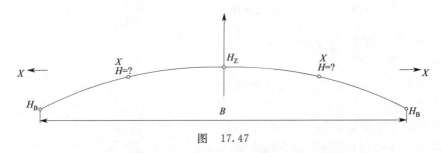

图　17.47

在交叉口竖向计算时,也经常采用修正三次抛物线线形,其计算的方法是一样的。应该注意的是路中点到路边点的水平距离仅为路幅 B 的一半。

另外,观察公式 $H=H_Z-(4\Delta HX^3/B^3+\Delta HX/B)$,将其整理成 $H=H_Z-\Delta H[4(X/B)^3+X/B]$。可以看出,$B$、$X$ 可以输入实际尺寸,也可以输入总份数及路中至测设点的份数。如图 17.48 所示,B 可以输入 3,X 可以输入 1 或 2 或 3,其计算值与输入实际尺寸的结果完全一致。

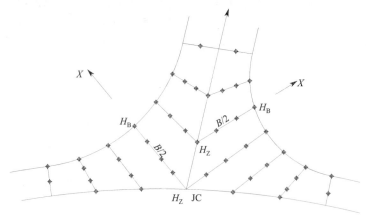

图 17.48　交叉口竖向设计示意图

17.5　交点、交会坐标计算

在测量工作中,经常要计算交点的坐标,本节介绍了直线与直线相交、直线与圆相交、圆与圆相交时交点坐标的计算方法。

传统定点的方法有:前方交会法、后方交会法、侧方交会法、测边交会法。本节对前方交会法、后方交会法、测边交会法作简单介绍。

17.5.1　直线与直线相交时交点的坐标计算

如图 17.49 所示,有直线 S 和直线 Z,已知 S 直线和 Z 直线上各有一点,其坐标分别为 (X_S,Y_S)、(X_Z,Y_Z);另外已知直线的方位角或直线上另一点的坐标,要求根据以上已知条件计算 S 点到 JD 的距离、Z 点到 JD 的距离、交点的坐标 (X_{JD},Y_{JD})。

其计算的思路是用坐标正算公式。

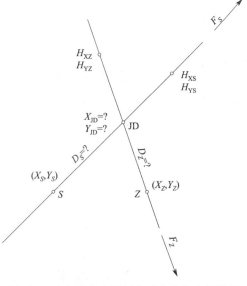

图 17.49　直线与直线相交时交点的坐标计算

$$X_{JD}=X_S+D_S\cos(F_S)\,;Y_{JD}=Y_S+D_S\sin(F_S) \qquad (17.103)$$

$$X_{JD}=X_Z+D_Z\cos(F_Z)\,;Y_{JD}=Y_Z+D_Z\sin(F_Z) \qquad (17.104)$$

根据 $X_{JD}=X_{JD},Y_{JD}=Y_{JD}$ 再解方程。

$$D_S = [\cos(F_Z)(Y_S - Y_Z) + \sin(F_Z)(X_Z - X_S)] \div [\cos(F_S)\sin(F_Z) - \cos(F_Z)\sin(F_S)]$$
$$(17.105)$$

$$D_Z = [\cos(F_S)(Y_Z - Y_S) + \sin(F_S)(X_S - X_Z)] \div [\cos(F_Z)\sin(F_S) - \cos(F_S)\sin(F_Z)]$$
$$(17.106)$$

求出 D_S、D_Z 后用坐标正算公式

$$\begin{cases} X_{\text{JD}} = X_S + D_S\cos(F_S) \\ Y_{\text{JD}} = Y_S + D_S\sin(F_S) \end{cases} \qquad (17.107)$$

$$\begin{cases} X_{\text{JD}} = X_Z + D_Z\cos(F_Z) \\ Y_{\text{JD}} = Y_Z + D_Z\sin(F_Z) \end{cases} \qquad (17.108)$$

上述计算方法比较复杂,还可以通过其他方法计算。例如可以用正弦定律来解三角形 SZ(JD),求出 D_S、D_Z,然后用坐标正算求出交点坐标。当出现三角形内角大于 $180°$ 时,D_S 或 D_Z 将是负值,需要判别。

17.5.2　直线与圆相交时交点的坐标计算

如图 17.50 所示,已知直线上一点 Z 的坐标 (X_z, Y_z);直线的方位角为 F_z;并已知圆心坐标 (X_0, Y_0),圆半径 R,要求计算交点坐标。交点有两个,直线前进方向的交点为 JDJ(交点进);直线后退方向的交点为 JDT(交点退)。

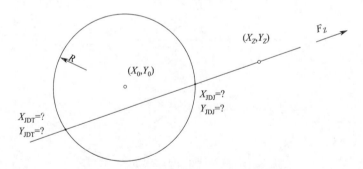

图 17.50　直线与圆相交时交点的坐标计算

其计算思路如图 17.51 所示。

(1)圆心沿直线的里程 $Z_1 = (W - O)\cos F + (Z - U)\sin F$;

(2)偏距 $Z_2 = -(W - O)\sin F + (Z - U)\cos F$;

(3)$Z_3 = \sqrt{R^2 - Z_2^2}$;

(4)$Z_1 + Z_3 = Z_4$,$Z_1 - Z_3 = Z_5$;

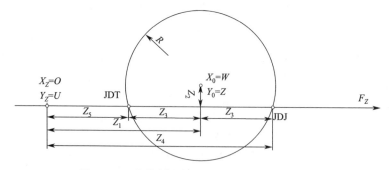

图 17.51　直线与圆相交时交点的坐标计算说明

(5)前进方向的交点坐标 $X_J = O + Z_4\cos F, Y_J = U + Z_4\sin F$;

(6)后退方向的交点坐标 $X_T = O + Z_5\cos F, Y_T = U + Z_5\sin F$。

17.5.3　圆与圆相交时交点的坐标计算

如图 17.52 所示,已知两个圆,其圆心坐标分别为 $X_{O1} = O, Y_{O1} = U, X_{O2} = W, Y_{O2} = Z$;其半径分别为 $R_1 = A$、$R_2 = B$,计算两圆相交时的交点坐标。交点两个,左者为 JDZ;右者为 JDY。

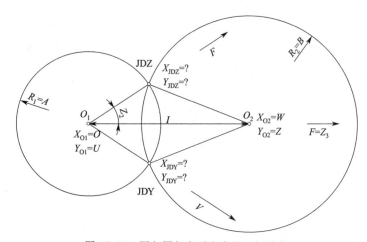

图 17.52　圆与圆相交时交点的坐标计算

其计算思路如下。

(1)坐标反算,计算两圆心之距 $I = \mathrm{Pol}(W - O, Z - U)$;方位角 $F = Z_3 = J$。

(2)用余弦定理计算角度 $Z_2 = \cos^{-1}(A^2 + I^2 - B^2)/(2AI)$。

(3)计算方位角 F、V:$F = Z_3 - Z_2$,$V = Z_3 + Z_2$。

(4)坐标正算,$X_{JDZ} = O + A\cos F, Y_{JDZ} = U + A\sin F$;

$$X_{JDY} = O + A\cos V, Y_{JDY} = U + A\sin V。$$

17.5.4 前方测角交会定点的坐标计算

前方测角交会定点的方法如图 17.53 所示，已知 A、B 两点的坐标 $X_A=A$、$Y_A=B$，$X_B=C$、$Y_B=D$；分别或同时用两台仪器测得 $\angle A=E$、$\angle B=F$，试计算交会点 P 点的坐标。有几种方法都可以进行计算，本汇总推导的方法其计算思路如下：

(1)用坐标反算计算 AB 距离 $I=Z_1$，其方位角 $=J$。

(2)正弦定理计算 $D=Z_1 \sin F / \sin(180+E-F)$。

(3)计算 AP 的方位角 $=J+E$。

(4)用坐标正算求 P 点坐标 $X_P=A+D\cos(J+E)$，$Y_P=B+D\sin(J+E)$。

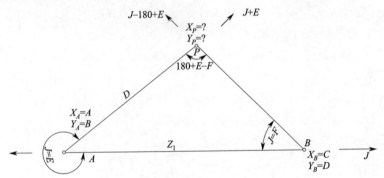

图 17.53　前方测角交会定点的方法

17.5.5 后方交会定点的坐标计算

如图 17.54 所示，已知 A、B、C 三点的坐标为 $X_A=A$、$Y_A=B$，$X_B=C$、$Y_B=D$，$X_C=E$、$Y_C=F$；设站 P；观测角 $\angle APB=G$，$\angle BPC=H$，通过以上数据，计算 P 点的坐

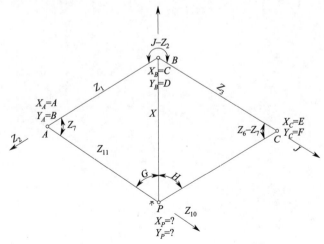

图 17.54　后方交会定点的坐标计算

标,这就是后方交会定点。

后方交会也有几种计算方法,本书推导公式的结果比较简单。其基本思路是:计算边$BA=Z_1$、方位角$=Z_2$;边$BC=Z_3$,方位角$=J$。分析可知,角$Z_7+Z_6-Z_7=Z_6=J-Z_2-G-H$;用正弦定理,解三角形$ABP$、$BCP$;在这两个三角形中,$BP=BP$,通过解等式求出角$Z_7$;进而计算方位角$Z_{10}$;解三角形$ABP$,求得$AP=Z_{11}$;计算出$P$点坐标$(X_P,Y_P)$,具体推导如下:

(1)$Z_1=\mathrm{Pol}(A-C,B-D)$;$Z_2=J$;$Z_3=\mathrm{Pol}(E-C,F-D)$;$J=J$。

(2)根据三角形外角等于不相邻的内角和的原理:$J-Z_2-G-H=Z_7+Z_6-Z_7=Z_6$。

(3)解三角形$X=Z_1\sin Z_7/\sin G=Z_3\sin(Z_6-Z_7)/\sin H$。

(4)$\sin(Z_6-Z_7)=\sin Z_6\cos Z_7-\cos Z_6\sin Z_7$,代入(3)中。

(5)$\sin Z_7 Z_1\sin H=Z_3(\sin Z_6\cos Z_7-\cos Z_6\sin Z_7)\sin G=\cos Z_7 Z_3\sin Z_6\sin G-\sin Z_7 Z_3\cos Z_6\sin G$。

(6)$\sin Z_7(Z_1\sin H+Z_3\cos Z_6\sin G)=\cos Z_7 Z_3\sin Z_6\sin G$。

(7)$\tan Z_7=Z_3\sin Z_6\sin G/(Z_1\sin H+Z_3\cos Z_6\sin G)$。

(8)$Z_7=\tan^{-1}[Z_3\sin Z_6\sin G/(Z_1\sin H+Z_3\cos Z_6\sin G)]$;

当$Z_7<0$,则$Z_7+180=Z_7$。

(9)$Z_{10}=Z_2+180+Z_7$;$Z_{11}=Z_1\sin(180-G-Z_7)/\sin G$。

(10)$X_P=A+Z_{11}\cos Z_{10}$;$Y_P=B+Z_{11}\sin Z_{10}$。

17.5.6 边长交会定点的坐标计算

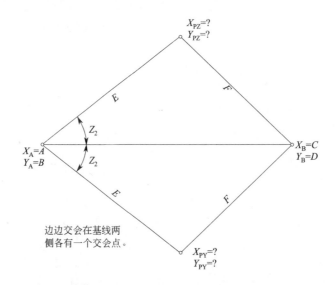

图 17.55 前方测边交会定点的坐标计算

前方测边交会如图 17.55 所示,两控制点坐标 $X_A=A$、$Y_A=B$,$X_B=C$、$Y_B=D$;分别以 A、B 为圆心,分别以边长 E、F 为半径作弧;在直线 AB 两侧,分别相交于 PZ、PY 点,计算交会点的坐标(X_{PZ},Y_{PZ})、(X_{PY},Y_{PY}),其计算思路如下:

(1)计算 A、B 两点的距离和方位角:距离 $I=\mathrm{Pol}(C-A,B-D)$;方位角 $J=Z_1$。

(2)用余弦定理计算角 Z_2:$Z_2=\cos^{-1}(E^2+I^2-F^2)/(2EI)$。

(3)计算方位角 G、H:$G=Z_1+Z_2$;$H=Z_1-Z_2$。

(4)用坐标正算计算交点坐标:

$$\begin{cases} X_{PY}=A+E\cos G \\ Y_{PY}=B+E\sin G \end{cases}$$

$$\begin{cases} X_{PZ}=A+E\cos H \\ Y_{PZ}=B+E\sin H \end{cases}$$

17.6　测设工作的实质及坐标变换的实例

工程测设,就是将房屋、道路、桥梁、大坝、隧道等建、构筑物及图形等定位、放样到大地上。每项工程都有其自身的、独立于大地坐标系的用户坐标系,如房屋建筑等常用的建筑坐标系、道路工程常用的切线坐标系、弦线支距坐标系等等。用户坐标系与大地坐标系必定要有换算关系:即用户坐标系原点的大地坐标值(X_0,Y_0),用户坐标轴 A(N 等)在大地坐标系的方位角 F_0(也就是大地坐标纵轴顺时针旋转到用户坐标纵轴的夹角);工程测设就是将用户坐标值换算成大地坐标;然后利用测站和后视坐标,计算极坐标放样数据,再根据放样数据,将测设点定位于大地,这就是测设工作的实质。如果直接给出测设点的大地坐标,这说明用户坐标与大地坐标是一致的;当然也可以将控制点坐标换算成用户坐标,再在用户坐标系中进行极坐标放样计算。现介绍如何计算建筑坐标、圆、椭圆、斜交椭圆的大地坐标。

17.6.1　将建筑坐标换算成大地坐标

如图 17.56 所示,计算图中 P 点的大地坐标值;可直接运用用户坐标换算成大地坐标的公式(公式原理见附录 17.1)。

$$\begin{cases} X_P=X_Q+A\cos F_Q-B\sin F_Q \\ Y_P=Y_Q+A\sin F_Q+B\cos F_Q \end{cases}$$

如果 F_Q 未知,但已知 A 轴上一点的坐标(X_A,Y_A);可以根据坐标,先用坐标反算,计算出

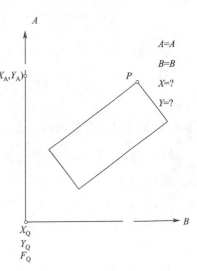

图 17.56　将建筑坐标换算成大地坐标

A 轴的方位角,再计算 P 点的 XY 坐标值。

17.6.2 计算圆的大地坐标

图 17.57 为一圆,圆心坐标 (X_Q,Y_Q),A 轴方位角 F_Q,计算 P 点的大地坐标。

(1)计算 P 点的 AB 坐标值

根据圆的直角坐标标准方程 $A^2+B^2=R^2$,在取值范围内,设定 B 值(或 A 值),即可计算出 A(或 B 值)。也可以根据圆的参数方程(参数为 PQ 与 A 轴夹角 V),即

$$A=R\cos V;B=R\sin V$$

在程序正文中,采用了参数方程,既方便又便于布点。

(2)再用坐标变换公式算出 P 点的大地坐标

$$\begin{cases} X_P=X_Q+A\cos F_Q-B\sin F_Q \\ Y_P=Y_Q+A\sin F_Q+B\cos F_Q \end{cases}$$

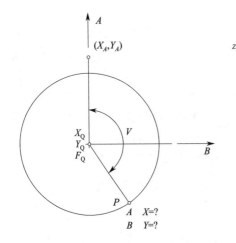

图 17.57 计算圆的大地坐标

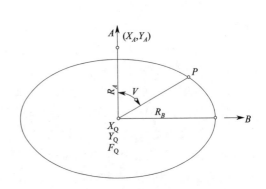

图 17.58 计算正交椭圆的大地坐标

17.6.3 计算正交椭圆的大地坐标

图 17.58 为一正交椭圆,其圆心坐标 (X_Q,Y_Q)、A 轴方位角 F_Q;椭圆 A 半轴 R_A,B 半轴 R_B。

(1)计算图中 P 点的 AB 坐标

根据椭圆直角坐标的标准方程 $A^2/R_A^2+B^2/R_B^2=1$ 设定 A 值(或 B 值),计算出 B 值(或 A 值);

或根据椭圆的参数方程(设参数为 V),即

$$A=R_A\cos V;B=R_B\sin V$$

在程序正文中,采用了参数方程,既方便又便于布点。

(2)再用坐标变换公式算出 P 点的大地坐标

$$\begin{cases} X_P = X_Q + A\cos F_Q - B\sin F_Q \\ Y_P = Y_Q + A\sin F_Q + B\cos F_Q \end{cases}$$

17.6.4 计算斜交椭圆的大地坐标

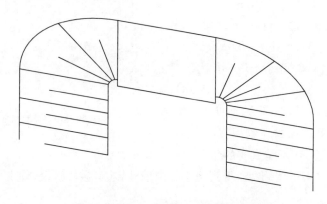

图 17.59　桥梁与道路斜交时锥形护坡形状

桥梁施工时,桥台需要设锥形护坡,当桥梁与道路正交时,每个护锥将是四分之一个椭圆锥;但当桥梁与道路斜交时,锥形护坡就呈图 17.59 所示的形状,它既要与桥台的前趾相切,又要与路基的边坡相切,不妨称它为斜交椭圆。

斜交椭圆测设有一定难度,设斜交角为 P(顺时针斜交时,P 为正,反之为负),两半轴分别为 A_Z、B_Z。

(1)用直角坐标方程计算

仿照正交椭圆,斜交椭圆的直角坐标标准方程为

$$a^2/A_Z^2 + b^2/B_Z^2 = 1 \tag{17.109}$$

$$a = A_Z \sqrt{B_Z^2 - b^2}/B_Z \tag{17.110}$$

$$B = b\cos P; A = a - B\tan P \tag{17.111}$$

计算 XY 坐标时,假定 B(P 点对 A 轴的垂距),用上式计算出 A 值,将 AB 坐标值换算成 XY 坐标值

$$\begin{cases} X_P = X_Q + A\cos F_Q - B\sin F_Q \\ Y_P = Y_Q + A\sin F_Q + B\cos F_Q \end{cases} \tag{17.112}$$

测设时,当 P 点接近路基的坡脚,则只要 B 有很小的变化,A 值的变化将会很大,这样就很难将测设点布置得很均匀,观察图 17.60,就不难理解。

（2）用参数方程计算

仿照正交椭圆，引进参数 V，则

$$\begin{cases} b = B_Z \sin V \\ a = A_Z \cos V \end{cases} \qquad (17.113)$$

再将 ab 坐标变换成 AB 坐标，则

$$\begin{cases} B = B_Z \sin V \cos P \\ A = A_Z \cos V - B \tan P \end{cases} \qquad (17.114)$$

再计算 P 点的 XY 坐标

$$\begin{cases} X_P = X_Q + A \cos F_Q - B \sin F_Q \\ Y_P = Y_Q + A \sin F_Q + B \cos F_Q \end{cases}$$

$$(17.115)$$

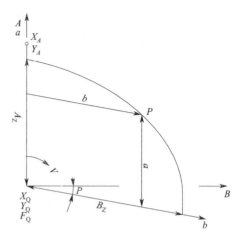

图 17.60　斜交椭圆测设

用参数方程之后，只要 V 有规律，如每 $10°$ 布置一点，则布点将会比较均匀。

需要说明一点，V 不是真实的角度，$V = (90° + P)/90°$。

笔者用上述方法测设锥坡，得到理想的结果；引入参数后测设，外观更顺畅。

17.7　预应力钢绞线的伸长计算

由于钢筋抗应变的能力远远高于混凝土，所以在普通钢筋混凝土结构中，当混凝土受拉出现裂缝时，钢筋的抗拉能力还远远没有发挥，于是发明了预应力钢筋混凝土。预应力钢筋混凝土的工作原理：在钢筋混凝土构件受外荷载作用之前，给主要受拉钢筋，预先施加预应力；当构件受拉区在荷载的作用下受到拉应力时，首先要克服预应力，从而延迟了混凝土裂缝的出现；同时发挥了钢材抗拉强度高、混凝土抗压强度高的优势。现在一般用钢绞线作为预应力筋，有先张法和后张法两种施加预应力的方法，大型结构多用后张法预应力钢筋混凝土。后张法预应力钢筋混凝土的施工过程：构件预制时，预留波纹管孔道、在孔道内预穿钢绞线；等混凝土达到强度后张拉钢绞线，张拉应力一般设计为钢绞线标准强度的 75%；张拉完毕后，锚定、灌浆。图 17.61 为一钢绞线示意图，两边对称布置，由长度、曲率不同的若干段组成。

对每段钢绞线，根据胡克定律，$\sigma = \varepsilon E$；$\varepsilon = \Delta L / L = \sigma / E$；$\Delta L = \sigma L / E$。

钢绞线的应力 σ，沿钢绞线的长度处处不等，这是因为由于孔道安装偏差、孔道摩擦的影响，钢绞线应力自张拉端开始逐渐减小。有经验公式

$$\text{折减系数 } I = \mathrm{e}^{-(KL + \mu\alpha)}$$

式中，K 为每米孔道偏差对摩擦的影响系数；μ 为钢绞线与孔道的摩擦系数；α 为每段钢绞线的转角（以弧度为单位）。

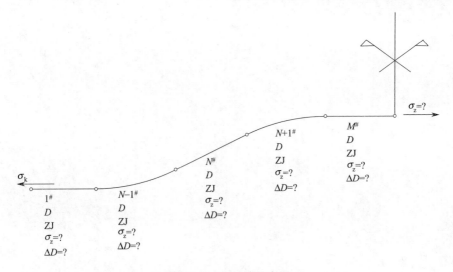

图 17.61　钢铰线示意图

计算每段钢绞线终端应力、平均应力及每段伸长量。

设 σ_k 为张拉端控制应力,则终端应力 $\sigma_z = \sigma_k I$;该段内的平均应力为 $\sigma_p = 0.5(\sigma_k + \sigma_z)$;该段伸长 $\Delta L = \sigma_p L / E$,式中 L 为该段钢绞线长度,E 为弹性模量(以试验值为准),当计算下一段时,该段 σ_k 即为上一段的 σ_z;循环计算,直至结束。